Sylvain Lhullier
Illustrations d'Emmanuel Kerner

ENTRAÎNEMENT CÉRÉBRAL

SPÉCIAL MATHS

MARABOUT

À MA MÈRE ET À MON PÈRE.

S. L.

PRÉFACE

Bienvenue dans l'Antiquité grecque, ses mathématiciens, ses philosophes et... ses énigmes ! Plongez dans cet univers de réflexion et d'astuce !
Tout au long de votre lecture, vous devrez résoudre des énigmes de logique, d'arithmétique, d'algèbre, de géométrie, etc.
Bref, toutes sortes de casse-tête pour jouer seul ou à plusieurs.
Attelez-vous donc sans tarder à la résolution de ces quelque 200 énigmes pour tenter de savoir quel pourcentage de spectateurs assiste dans de bonnes conditions aux Jeux olympiques, de trouver l'âge des fils de Pythagore, d'aider la déesse Héra à capturer Io, la maîtresse de Zeus, etc.
Les réponses sont toutes consignées en fin d'ouvrage, un renvoi de page vous indiquant systématiquement où vous référer.
Mais ne cédez pas trop vite à la tentation de connaître la bonne réponse ! Le plaisir est dans le tâtonnement, l'élaboration du raisonnement, la construction de la démonstration ou le surgissement de la bonne intuition.

Faites chauffer vos neurones !

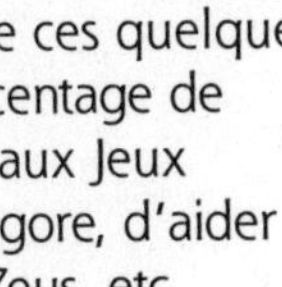

ENIGMES

FRÈRES ET SŒURS

La petite Calandra explique à son amie Leda : « J'ai autant de sœurs que de frères. » Son grand frère Kyros ajoute : « J'ai deux fois plus de sœurs que de frères. »

Combien y a-t-il de filles et de garçons dans cette famille athénienne ?

Solution page 130

SUITE LOGIQUE

Quel nombre doit venir à la suite de cette séquence dans cette frise du Panthéon pour qu'elle soit logique ?

Solution page 130

TOUS SAUF DEUX...

Les arènes de Byzance accueillent une course de chars.

Combien d'attelages s'apprêtent à prendre le départ, sachant que tous sauf deux sont rouges, tous sauf deux sont bleus, et tous sauf deux sont noirs ?

Solution page 131

D'UN SEUL TRAIT

Comment pouvez-vous reproduire cette figure représentée sur un vase grec sans lever le crayon ni passer deux fois sur la même ligne ?

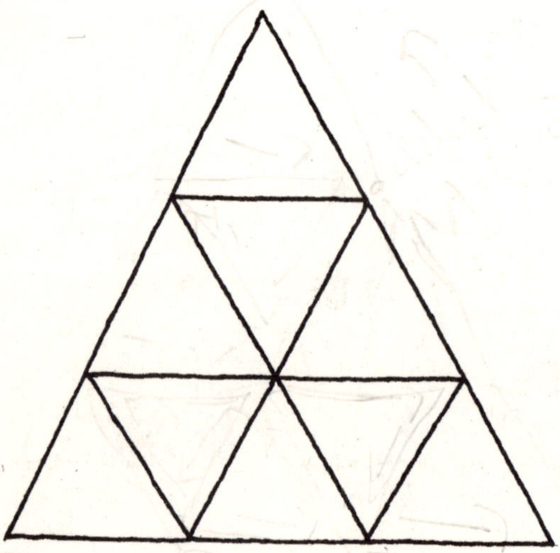

Solution page 131

L'AMPHORE DE VIN

Lors des Dionysies, festivités en l'honneur du dieu du vin, Nikolos, Orion et Stamos partagent le contenu d'une amphore de vin. Nikolos seul le boirait en 1 heure. Orion seul mettrait 3 heures. Stamos seul l'absorberait en 6 heures.

Combien de temps faut-il aux trois hommes pour boire tout le vin contenu dans l'amphore ?

Solution page 132

Les pourceaux de Circé

Circé la magicienne a transformé les compagnons d'Ulysse en pourceaux. Elle décide de placer six de ces pourceaux dans quatre enclos différents.

Sachant qu'aucun enclos n'est vide et qu'aucun enclos ne contient un nombre impair d'animaux, comment a-t-elle réparti les malheureux guerriers métamorphosés ?

Solution page 132

DOMINONS LES DOMINOS

Comment devez-vous disposer trois des quatre dominos ci-dessous pour que la somme des points de chaque ligne soit égale à 21 ?

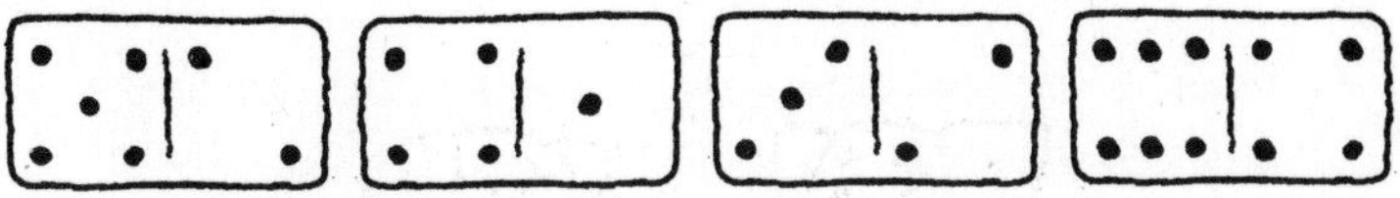

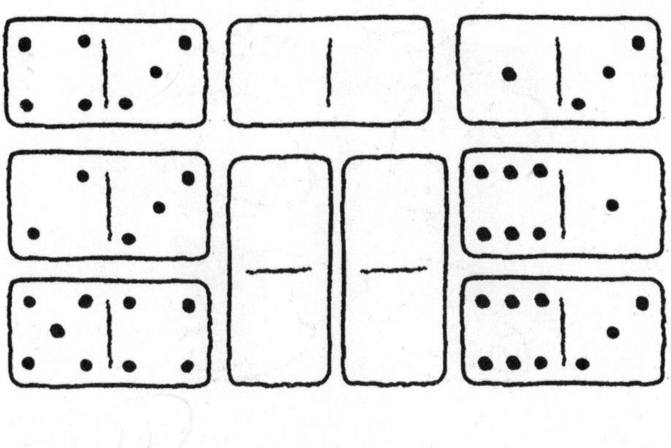

Solution page 133

L'ASSAUT DE TROIE

Les rois grecs organisent une expédition maritime contre Troie pour récupérer la belle Hélène, enlevée par Pâris. Sept trières, des navires de guerre, prennent la mer, remplies seulement aux deux tiers de guerriers. Au cours de la guerre de Troie, un quart des guerriers venus à bord des trières meurent. Après la victoire, les Grecs décident de rentrer chez eux en abandonnant sur place les vaisseaux inutiles.

Combien de vaisseaux doivent-ils conserver pour que tous les guerriers encore en vie puissent avoir une place à bord ?

Solution page 133

UN CHOIX IMPOSSIBLE

Un guerrier grec est fait prisonnier par les compagnons du chef troyen Hector. Ce dernier lui accorde une dernière faveur : « Tu peux faire une dernière déclaration qui déterminera la manière dont tu vas mourir.
Si ton affirmation est fausse, tu auras la tête tranchée ; si elle est vraie, tu seras lapidé ! »

Que doit dire le guerrier grec pour se sortir de cette délicate situation ?

Solution page 134

DIFFÉRENTS ET ÉGAUX

Le célèbre mathématicien Pythagore propose à ses élèves le système d'équations suivant :

Ensuite, il leur demande : « Par quels nombres devez-vous remplacer les deux inconnues pour que les deux équations soient justes ? »

Solution page 134

LE JARDIN DES OLIVIERS

Un esclave doit planter des oliviers dans le jardin de son maître. Ce dernier souhaite créer un ensemble harmonieux et il lui demande de planter dix oliviers sur cinq rangées, une rangée contenant quatre oliviers. S'il n'y parvient pas, l'esclave recevra dix coups de fouet.

Comment doit-il s'y prendre pour préserver son épiderme ?

Indice : un olivier peut appartenir à plusieurs rangées…

Solution page 135

LABYRINTHE NUMÉRIQUE

Après le succès de son labyrinthe, commandé par le roi Minos pour y enfermer le Minotaure, Dédale en imagine un autre, qui fait appel au calcul mental :

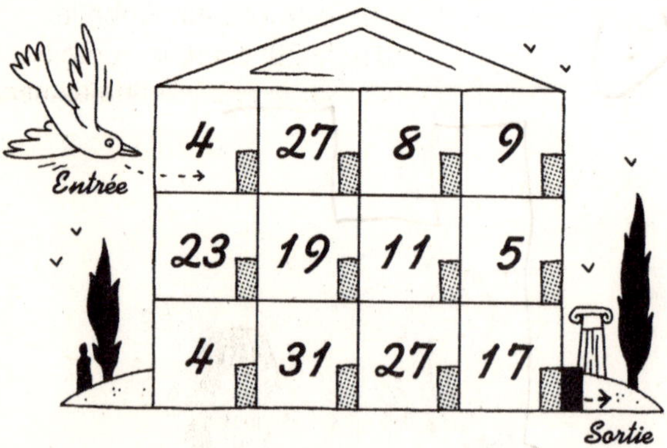

En partant de la case en haut à gauche et en sortant par la case en bas à droite de la figure ci-dessus, et sachant que vous pouvez uniquement progresser à la verticale ou à l'horizontale, quel chemin devez-vous emprunter pour que la somme des nombres rencontrés soit égale à 100 ?

Attention : vous ne pouvez passer qu'une seule fois sur chaque case...

Solution page 135

Course à pied

Des athlètes grecs s'entraînent pour le stadion, l'épreuve reine de course à pied des Jeux olympiques. Pour ce faire, ils courent sur une piste ovale, où ils sont régulièrement espacés.

Sachant que, à l'instant même où le 9e coureur croise le 15e coureur, le 25e coureur croise le 29e coureur, combien d'athlètes courent simultanément sur la piste d'entraînement ?

Solution page 136

Les trois Troyens

Trois soldats troyens se déplacent en file indienne.
Le premier dit : « Il y a un Troyen derrière moi. »
Le deuxième lance : « Il y a également un Troyen derrière moi. »
Le troisième affirme : « Moi aussi, il y a un Troyen derrière moi. »

Comment est-ce possible ?

Solution page 136

LES MARCHANDS D'ESCLAVES

C'est le jour du marché aux esclaves à Samos. Deux marchands éphésiens échangent des esclaves aux conditions suivantes :

- un Grec vaut deux Thraces ;
- un Thrace vaut deux Perses ;
- un Perse vaut deux Scythes.

Avant l'échange, Agésilas possédait un Grec, trois Perses et deux Scythes.

Sachant qu'après l'échange, il repart du marché de Samos avec trois esclaves, pouvez-vous déterminer leur origine ?

Solution page 137

LE DISCOBOLE

Un discobole s'apprête à lancer son disque. Il a pour masse deux mines (unité de mesure grecque équivalente à 436 grammes environ), plus la masse d'un demi-disque.

Quelle est la masse de ce disque ?

Solution page 137

LES BOURSES

Un riche Athénien souhaite se faire construire une nouvelle villa. Il donne un acompte de 28 pièces à l'architecte, qu'il extrait de plusieurs bourses de tailles différentes, dans lesquelles elles sont réparties en fonction de leur valeur :

- les talons d'or sont rangés trois par trois dans de petites bourses ;
- les drachmes sont rangées cinq par cinq dans des bourses moyennes ;
- les oboles sont rangées sept par sept dans de grandes bourses.

Combien de bourses de chaque taille le riche Athénien a-t-il ouvertes pour payer l'architecte ?

Attention : chaque fois qu'il a ouvert une bourse, le riche Athénien a donné à l'architecte toutes les pièces qu'elle contenait.

Solution page 138

Le chant du berger à la bergère

Électre et Télémaque gardent des moutons. Ils se trouvent chacun dans un pré, l'un en face de l'autre, les deux prés étant séparés par un axe de passage important.
Bien souvent, Télémaque chante pour la belle Électre.
Ce jour-là, une phalange d'hoplites, en chemin pour la bataille, passe sur la voie et Électre ne peut plus entendre son bien-aimé, sa voix étant couverte par le bruit des pas des soldats.

Sachant que les bruits de pas couvrent la voix du berger si les hoplites sont à moins de 100 mètres du champ, que le convoi d'hoplites s'étend sur 300 mètres et qu'il marche à 6 km/h, pendant combien de temps Électre a-t-elle été privée du chant de Télémaque ?

Solution page 138

QUESTION PIÈGE

Un sophiste clame sur l'agora qu'il est capable de répondre avec exactitude à toutes les questions qu'on pourrait lui poser.

Quelle question un homme avisé pourrait-il lui poser pour être certain que la réponse du sophiste soit fausse ?

Solution page 139

X NUMÉRIQUE

Placez les chiffres de 1 à 5 dans les 5 cercles de ce X de sorte que les sommes sur les deux axes soient égales.

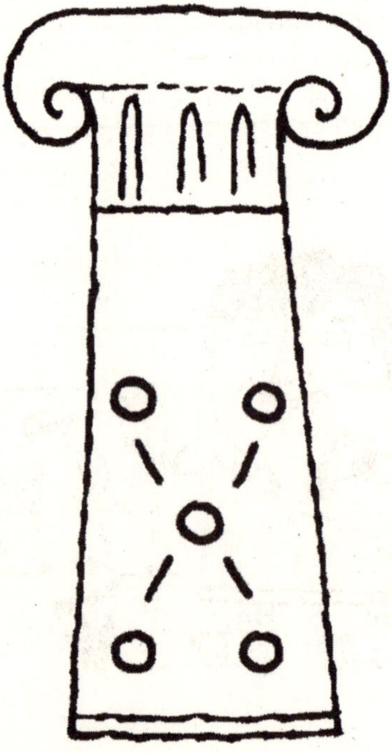

Solution page 139

L'IMPÔT SUR LE VIN

Eustrate, producteur de vin à Corinthe dans le Péloponnèse, doit donner à la cité un dixième de sa production, à titre d'impôt. Héliodore, un client, lui commande 90 litres de vin pour un banquet qu'il organise.

Combien de litres au total Eustrate doit-il sortir de sa réserve pour satisfaire son client et payer la cité ?

Solution page 140

HISTOIRE D'ÂGE

Phèdre est tombée amoureuse d'Hippolyte, de 25 ans son cadet, le fils de son mari Thésée.

Quels sont respectivement les âges de Phèdre et d'Hippolyte, sachant que le jeune homme et sa belle-mère ont 65 ans à eux deux ?

Solution page 140

LA DESCENTE AUX ENFERS

Orphée est descendu aux Enfers pour y chercher Eurydice, sa jeune épouse morte prématurément. Par bonté d'âme, il accepte que Phœbé, sa suivante, l'accompagne. Au retour, Orphée, Eurydice et Phœbé se présentent devant Charon, e passeur qui doit leur faire traverser le fleuve Styx. Problème : outre le poids du nocher, la barque infernale ne peut supporter un poids supérieur à 100 kg. Or, si ces dames ne pèsent que 50 kg chacune, Orphée, lui, ne pèse pas loin de 90 kg.

Comment les trois mortels doivent-ils s'y prendre pour traverser la rivière et rejoindre le monde des vivants, sachant que Charon, qui prélève deux oboles à chaque passage, refuse de faire une traversée à vide ?

Solution page 141

L'AMPHORE

Une amphore, d'une contenance d'un pied cube, est remplie d'une boisson aromatisée à la menthe constituée à 99 % d'eau. En raison d'une chaleur accablante, l'eau de l'amphore s'évapore jusqu'à ce qu'elle ne contienne plus que 98 % d'eau.

Quel volume de liquide reste-t-il alors dans l'amphore ?

Solution page 141

Les griffons

Dans chacun des quatre coins d'un temple sacré se trouve un griffon, une créature fantastique ailée à la tête d'aigle et au corps de lion. Sur la queue de chaque griffon, se trouve un griffon. En face de chaque griffon, se trouvent trois griffons.

Combien y a-t-il de griffons au total pour garder le temple ?

Solution page 142

PENTAMINOS

Alors que Socrate, condamné pour corruption de la jeunesse, s'ennuie dans sa prison en attendant de boire la ciguë, un de ses disciples lui propose pour se divertir le pentaminos suivant :

« Maître, comment devez-vous disposer les pièces ci-dessous de sorte qu'elles occupent tout l'espace de jeu ? » On ignore si l'élève précisa à son maître, certes diminué, que les pièces pouvaient être disposées dans tous les sens...

Solution page 142

LA BATAILLE DE MARATHON

Au cours de la bataille de Marathon, qui oppose les Grecs aux Perses, le jeune Phidippidès est envoyé à Athènes pour annoncer la victoire. Or 40 km environ séparent le petit village de Marathon de la cité athénienne. Phidippidès court 20 km en buvant 1,4 litre d'eau tous les dix kilomètres. Craignant de n'avoir pas assez d'eau dans son outre pour arriver jusqu'à Athènes, le jeune soldat décide de se rationner.

Combien de litres d'eau Phidippidès doit-il absorber sur les 20 derniers kilomètres pour que sa consommation moyenne sur l'ensemble du trajet soit de 1 litre aux 10 km ?

Solution page 143

CIRCONFÉRENCE DE LA TERRE

Le géographe Strabon parvient à établir que la Terre possède un rayon équatorial (distance entre le centre de la Terre et un point de l'équateur) de 6 366 km. Il en déduit que la circonférence de la Terre est donc de 40 000 km environ. Cet esprit curieux se demande alors de combien augmenterait la circonférence de la Terre si elle possédait un rayon équatorial plus long de 1 m.

Pouvez-vous l'aider ?

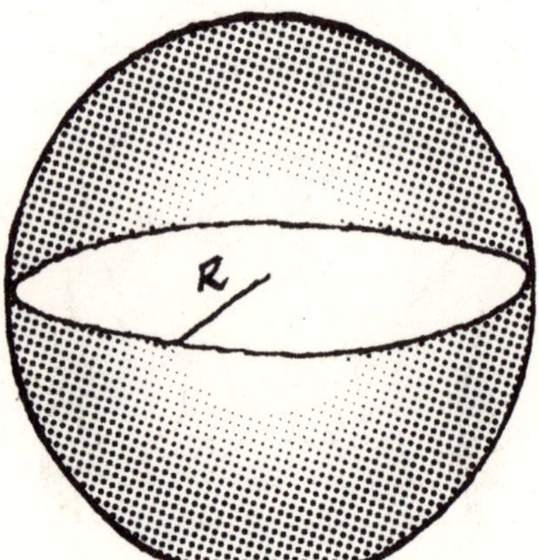

Solution page 143

QUATRE COMMUN

Y a-t-il un rapport particulier entre le chiffre 4 et les six chiffres suivants : 0, 2, 5, 7, 8 et 9 ?

Solution page 144

AIGUILLES AU CARRÉ

Combien de fois les deux aiguilles d'une horloge forment-elles un angle droit en 12 heures ?

Solution page 144

LA TAPISSERIE DE PÉNÉLOPE

Pénélope a fini par achever la tapisserie qu'elle tisse chaque jour depuis le départ d'Ulysse pour la guerre de Troie. Malheureusement, ce dernier n'est toujours pas revenu. Elle invente donc un nouveau stratagème pour retarder encore l'échéance du choix d'un prétendant. Elle décide d'orner sa tapisserie de seize pierres précieuses harmonieusement disposées. Elle promet qu'elle accordera un baiser au prétendant qui lui dira comment elle doit s'y prendre pour disposer les seize pierres précieuses sur huit rangées, une rangée contenant quatre pierres.

Que doit proposer le prétendant pour obtenir le baiser promis ?

Indice : une pierre précieuse peut appartenir à plusieurs rangées...

Solution page 145

CHIFFRES ROMAINS

Le jeune Pythagore s'essaie aux chiffres romains. Mais l'égalité qu'il rédige est fausse :

Quelle barre le mathématicien doit-il déplacer pour que l'égalité soit vraie ?

Solution page 145

ENGRENAGES

Épéios travaille sur le prototype du cheval de Troie. Il réfléchit à un mécanisme d'engrenages qui permettrait de mouvoir le gigantesque édifice :
Puis il s'interroge : « Si l'engrenage placé en haut à gauche de mon schéma tourne dans le sens de la flèche, dans quel sens tourne l'engrenage en haut à droite ? »

Pouvez-vous aider Épéios ?

Solution page 146

Les sacs de céréales

Thanos et Xenos doivent livrer deux sacs, l'un de blé, l'autre d'orge. Sachant que le sac de blé pèse les trois quarts du sac d'orge, qui pèse lui-même 2 kg de plus que le sac de blé, Thanos choisit de se charger du sac de blé.

Combien de kg de céréales Xenos portera-t-il de plus que son acolyte ?

Solution page 146

LA PIÈCE EN MIROIRS

Narcisse est enfermé dans une pièce triangulaire dont le sol, le plafond et les trois pans de mur sont entièrement recouverts de miroirs.

Sachant qu'il n'y a rien ni personne d'autre que lui dans la pièce, combien de reflets de lui-même peut-il admirer ?

Solution page 147

LE CONSEIL DES 500

Comme chaque année a lieu le tirage au sort qui désignera les 500 citoyens athéniens qui siégeront au Conseil des 500, assemblée chargée des affaires courantes de la cité.
Le tirage au sort se fait au moyen de jetons placés dans une urne. Il faut tirer un jeton avec une face blanche pour siéger au Conseil des 500. Quand arrive le tour de Laërte, il ne reste plus que deux jetons dans l'urne. Le premier, éliminatoire, présente deux faces noires tandis que l'autre a une face noire et une face blanche.
Laërte tire un jeton et montre à l'assemblée que l'une des faces est noire.

Quelle est la probabilité qu'il devienne bientôt membre du Conseil des 500 ?

Solution page 147

LA FETA

Sur le marché de Mykonos, la belle Gaïa hésite entre deux étals qui vendent de la feta. Elle voudrait acheter celle qui contient le plus d'eau pour se prémunir des grosses chaleurs.
Le premier marchand lui indique que son fromage contient 25 % de matière grasse au total et 50 % sur la matière sèche.

Quelle proportion d'eau la feta de ce marchand contient-elle ?

Solution page 148

L'HORLOGE HYDRAULIQUE

La tour des Vents, qui s'élève sur l'agora romaine d'Athènes, renferme une horloge hydraulique monumentale. Dans ce petit bijou de technologie antique, 3 gouttes d'eau mettent exactement 2 secondes pour passer du premier réservoir au deuxième.

Combien de temps faut-il pour que 9 gouttes d'eau s'écoulent ?

Solution page 148

LE PRIX DE L'HUILE D'OLIVE

Le prix d'une amphore d'huile d'olive augmente de 50 % sur une année, puis baisse de 50 % l'année suivante.

Quelle variation de prix a subi l'amphore d'huile d'olive entre le début de la première année et la fin de la seconde ?

Solution page 149

Les statuettes de Praxitèle

Le célèbre sculpteur Praxitèle réalise de petites statuettes canines que les riches Grecs placent à l'entrée de leur propriété pour dissuader les voleurs. Les ouvrages préférés des clients sont les cerbères (chiens à trois têtes) et les orthros (chiens à deux têtes).
En raison de la recrudescence des cambriolages à Athènes, il a déjà sculpté cette année 20 statuettes, pour un total de 48 têtes de chiens.

Combien de cerbères et combien d'orthros l'artiste a-t-il réalisé ?

Solution page 149

Le codex de Plutarque

Le célèbre biographe Plutarque a la chance de posséder l'un des tout premiers codex en parchemin du monde. Cette invention géniale, qui constitue la première forme du livre, permet d'accéder à n'importe quelle page, numérotée de 1 à 100, sans avoir besoin de faire une lecture continue, comme avec les rouleaux de papyrus. Plutarque souhaite glisser un marque-page entre les pages 55 et 56 de son codex.

Pourquoi n'y parvient-il pas ?

Solution page 150

PETITE COURSE ENTRE AMIS

Ajax défie Achille à la course à pied sur une distance de 200 m. Lorsque Ajax passe la ligne d'arrivée, Achille n'a parcouru que 190 m.
Ce dernier, mauvais perdant, allègue une faiblesse au talon.
Le vainqueur propose alors à son ami de jouer la revanche en courant avec un handicap, pour équilibrer les chances de victoire. Il part donc dix mètres derrière la ligne de départ.

En supposant qu'Ajax et Achille courent à la même vitesse que lors de la course précédente, qui remportera cette revanche ?

Solution page 150

SOMME ET PRODUIT

Trouvez les trois nombres dont la somme est égale à 100 et les trois autres dont le produit est égal à 1 000.

Solution page 151

LES BREBIS

Agapénor possède 54 brebis. Malheureusement, son troupeau est touché par une épidémie. Toutes ses brebis sont décimées, sauf 11.

Combien lui en reste-t-il ?

Solution page 151

LE LABYRINTHE

Sur ordre du roi Minos, Dédale entreprend de construire un gigantesque labyrinthe pour y enfermer le minotaure. L'enceinte du labyrinthe mesure 6 m de haut, 2 m d'épaisseur et 1 km de long.

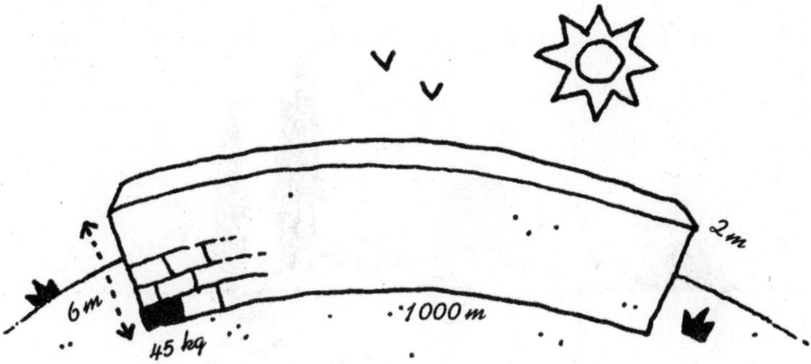

Sachant que les blocs de pierre utilisés par Dédale pèsent 45 kg chacun, quelle est la variation de la masse de la planète Terre après la construction ?

Solution page 152

AU MARCHÉ

Au marché de Mycènes, Cassandra et Thétis, deux paysannes de l'Attique, échangent régulièrement le surplus de leur production domestique. Après d'âpres négociations, elles s'accordent sur les modalités de l'échange, dont l'unité est le kg : 1 kg de laine vaut 2 kg de pain, et 1 kg d'olives vaut 4 kg de pain. Ce matin, en arrivant au marché, Thétis avait 2 kg de laine et 3 kg de pain. Ce soir, elle rentre chez elle avec 3 kg de marchandises.

De quoi s'agit-il ?

Solution page 152

Les paniers de figues

Paladios a rempli plusieurs paniers de 4 tailles différentes (A, B, C et D) avec les figues de son jardin. Souhaitant les vendre au marché, il effectue les pesées suivantes :
À combien de paniers de taille A équivaut un panier de taille D ?

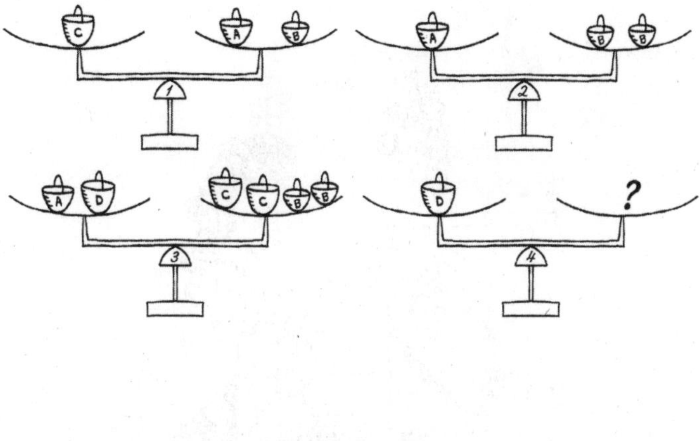

Solution page 153

En allant vers l'agora

Sur le chemin de l'agora, où se tient un grand banquet officiel, Pyrrhus croise six pères, chacun accompagné par deux enfants et quatre mères, chacune accompagnée par trois enfants.

Combien de personnes au total se dirigent vers l'agora ?

Solution page 153

LA PYRAMIDE

Complétez cette pyramide de manière que le nombre inscrit dans chaque case soit égal à la somme des deux nombres inscrits dans les deux cases juste au-dessous.

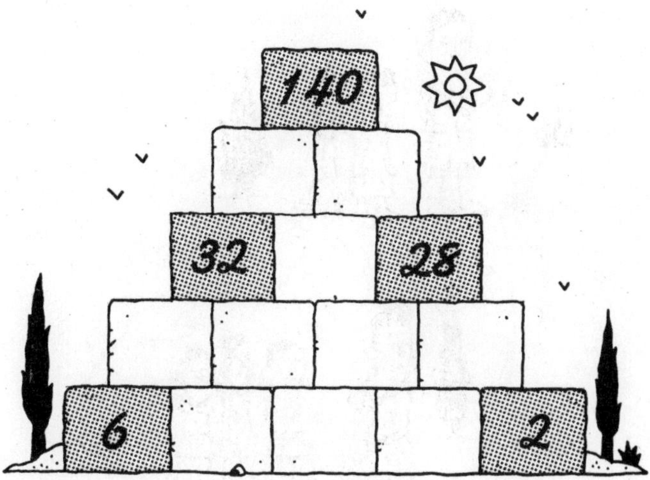

Solution page 154

LES LUTTEURS

Nicostrate et Hiéroclès se retrouvent pour lutter une fois par semaine. La dernière fois, ils ont disputé trois matches. Il n'y a eu aucun match nul et chacun des lutteurs est sorti vainqueur le même nombre de fois que l'autre.

Comment est-ce possible ?

Solution page 154

PLACEZ LES OPÉRATEURS

Pythagore vient de découvrir une vieille amphore sur laquelle sont inscrites des opérations. Malheureusement, une partie des informations a disparu.

Aidez-le à remplacer les pointillés par l'opérateur qui convient (+, −, ×, ou ÷) de manière à ce que chaque calcul soit juste :

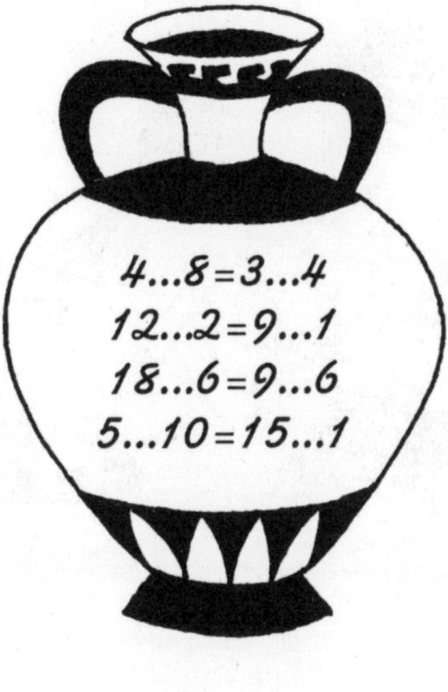

Solution page 155

DÉCALAGE HORAIRE

La clepsydre de l'acropole d'Athènes indique 15 heures mais retarde de 5 minutes toutes les heures. La clepsydre de Messène indique 17 heures mais avance de 5 minutes toutes les heures.

Sachant que les deux clepsydres ont été réglées en même temps et que depuis, la date n'a pas changé, pouvez-vous indiquer l'heure qu'il est réellement ?

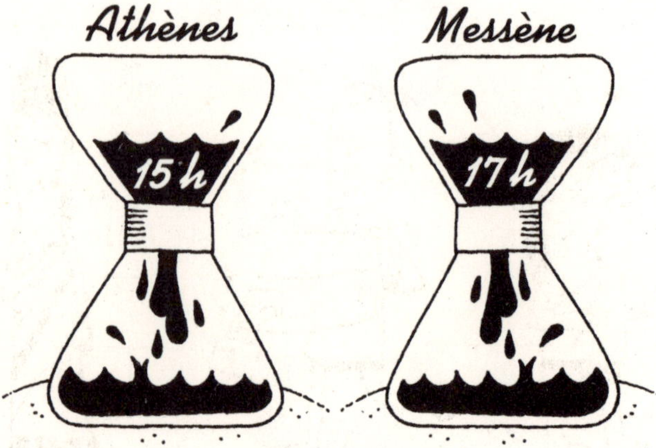

Solution page 155

LE DIADÈME

Le jeune Acontios souhaite faire parvenir à la belle Cydippe un somptueux diadème, en gage de son amour. Il engage donc un messager pour cette course délicate de l'île de Céos jusqu'à Athènes, mais il redoute que ce dernier ne résiste pas à la tentation de dérober le bijou.
Acontios dispose d'un coffret et d'un cadenas, dont lui seul détient la clé. Sa fiancée possède, elle aussi, un coffret et un cadenas différent dont elle seule a la clé.

Comment le jeune homme peut-il procéder ?

Solution page 156

Les enfants de Léda

Léda est la mère de quatre enfants : Hélène et Pollux, nés de son union avec Zeus, et Clytemnestre et Castor, enfants de son époux Tyndare.
Pollux pèse aussi lourd que Castor et Clytemnestre réunis.
Castor pèse aussi lourd que Clytemnestre et Hélène réunies.

Sachant que Pollux pèse 110 kg et Hélène 40 kg, combien pèsent les deux autres enfants de Léda ?

Solution page 156

Le cadre

Agis souhaite réaliser un cadre carré en bois. Pour ce faire, il forme un carré avec quatre baguettes identiques, qu'il fixe entre elles par leurs extrémités.
Cependant, il n'est pas satisfait, car le carré peut être déformé en losange.
Il lui reste encore une baguette mais elle est de la même taille que les autres. Il ne peut donc pas la positionner en diagonale pour rigidifier son cadre car elle est trop courte.

Comment peut-il faire pour rigidifier son cadre ?

Solution page 157

Les deux athlètes

Deux athlètes s'entraînent sur une piste circulaire pour préparer les Jeux olympiques. Antinoos met 3 minutes pour faire le tour de la piste alors que Dracon en met 4.

Si l'on raisonne en tours complets, au bout de combien de temps Antinoos aura-t-il fait un tour de plus que Dracon ?

Solution page 157

Les groupes sanguins

Le groupe sanguin est déterminé par des gènes que chacun reçoit en deux exemplaires : l'un de sa mère et l'autre de son père.
Ces gènes sont de trois types : A, B et O. Les différentes combinaisons de deux de ces trois gènes donnent les quatre groupes sanguins que nous connaissons : A, B, AB et O.
Voici les différentes combinaisons possibles :

- Un individu qui a un gène A et un gène O est du groupe A (A + O = A), un individu qui a un gène B et un gène O est du groupe B (B + O = B). En effet, le gène O est dit récessif, c'est-à-dire que, en présence d'un gène A ou B, il ne s'exprime pas.
- Un individu qui a un gène A et un gène B est du groupe AB (A + B = AB), car les deux gènes s'expriment.
- Un individu qui a deux gènes identiques est du groupe qui porte la même lettre que le gène : A + A = A, B + B = B et O + O = O.

Chaque individu a donc deux gènes et en transmet un au hasard à chacun de ses enfants. Pour simplifier les calculs, on supposera que les gènes A, B et O sont répartis de manière égale dans la population – ce qui est faux dans la réalité. Ulysse est du groupe O et Pénélope est du groupe AB.

Quelle est la probabilité que leur fils Télémaque soit du groupe A ?

Solution page 158

QUI EST LE FILS DE ZEUS ?

Alcmène est l'épouse d'Amphitryon. Profitant de l'absence de ce dernier, Zeus séduit Alcmène en prenant l'apparence de son mari.
Par la suite, Alcmène met au monde deux enfants, Iphiclès et Héraclès, qui sont chacun de père différent.

Sachant qu'Amphitryon est du groupe AB et qu'Héraclès est du groupe O, lequel des deux fils d'Alcmène est le fils de Zeus ?

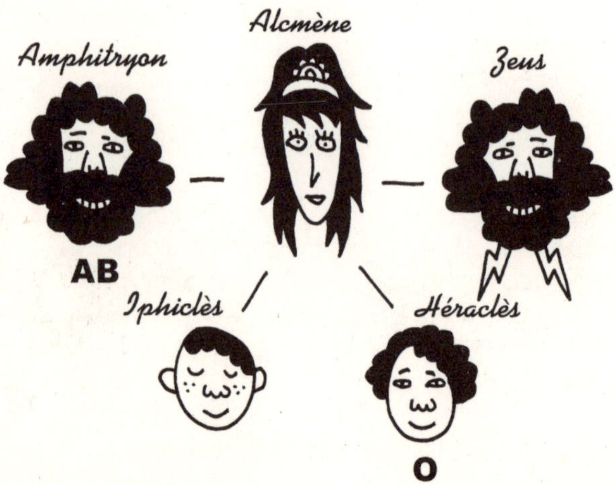

Solution page 158

ZONE PIÉTONNE

En raison de nombreux délits de fuite à la suite d'accidents avec des piétons, les autorités spartiates ont décidé d'interdire la circulation de véhicules sur l'agora.

Pourtant, lorsque Kostas, un conducteur de chars, traverse l'agora sans même ralentir, les soldats en faction le laissent circuler sans l'arrêter.

Pourquoi ?

Solution page 159

LOTS D'ANIMAUX

Un paysan de l'Attique vend ses animaux en les regroupant en six lots :

- 1er lot : 2 poules + 4 lapins
- 2e lot : 1 poule + 3 canards
- 3e lot : 1 dinde + 6 poules
- 4e lot : 2 oies
- 5e lot : 2 dindes + 1 lapin
- 6e lot : 1 oie + 1 dinde + 1 poule

Sachant que chaque lot est vendu 100 oboles et que deux animaux de même espèce sont vendus au même prix, quelle est la valeur de chaque animal ?

Solution page 159

SALADE GRECQUE

Au marché, Yannis a acheté des olives, des concombres, des tomates et des poivrons pour faire une salade grecque.
Sans les olives, il aurait dépensé 20 oboles.
Sans les concombres, il en aurait eu pour 18 oboles.
Sans les tomates, il aurait déboursé 22 oboles.
Sans les poivrons, il aurait dépensé 15 oboles.

Quels sont les fruits et légumes qui ont coûté le plus cher à Yannis ?

Solution page 160

LES COLONNES DU PARTHÉNON

Trois ouvriers sculptent les 46 colonnes du futur Parthénon d'Athènes.
Anacréon et Éole ont besoin de 2 heures pour sculpter un tambour de colonne à deux.
Alcibiade et Anacréon ont besoin de 4 heures pour sculpter un tambour de colonne à deux.
Alcibiade et Éole ont besoin de 3 heures pour sculpter un tambour de colonne à deux.

Combien de temps Alcibiade mettrait-il pour sculpter un tambour de colonne à lui tout seul ?

Solution page 160

LE TRIANGLE DE THALÈS

Thalès souhaite placer en triangle 15 boules numérotées de 1 à 15 de manière à ce que chaque boule soit la différence positive entre les deux boules situées au-dessus d'elle.
Par exemple, pour 6 boules, on aurait :

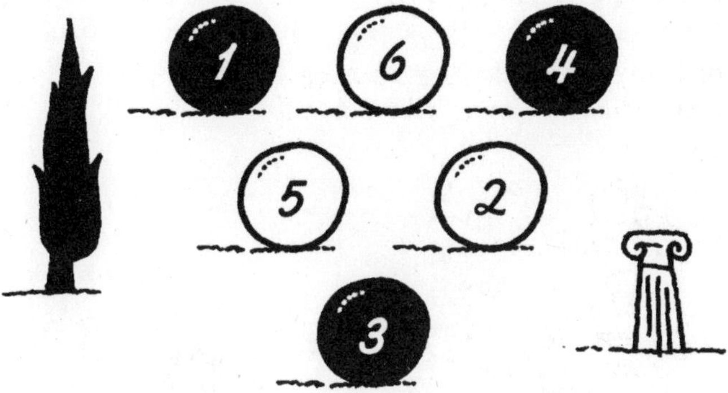

Comment placer les 15 boules dans le triangle ?

Solution page 161

Diogène et les soldats

Calé au fond de la jarre qui lui sert de maison, le philosophe Diogène observe la vie animée de l'agora et, plus particulièrement, le mouvement des soldats en faction.
Les soldats passent dans un sens, puis dans l'autre de manière régulière, mais pourtant Diogène a remarqué que la fréquence des soldats venant de sa gauche était la même que celle des soldats venant de sa droite : un soldat précisément toutes les heures. Il constate également que lorsqu'il guette le premier soldat qui passe, il y a seulement une chance sur six pour qu'il vienne de sa gauche.

Comment cela se fait-il ?

Solution page 161

TRIANGLE À TROUS

Complétez ce triangle de façon que le nombre inscrit dans chaque case soit égal à la somme des deux nombres inscrits dans les deux cases juste au-dessous :

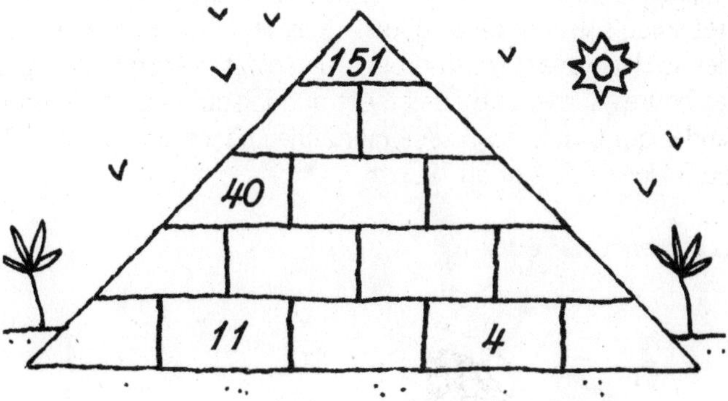

Solution page 162

Les amphores d'Antonia

Antonia va puiser de l'eau à l'aide de deux amphores, l'une de 3 litres et l'autre de 5 litres.

Comment peut-elle mettre exactement 4 litres dans l'amphore de 3 litres ?

Solution page 162

L'ÉCHEC DE L'ÉCHIQUIER

Leonidas dispose d'un échiquier en bois (8 × 8 cases) dont il a supprimé deux cases, occupant des coins opposés. Il dispose également de 31 dominos, chacun couvrant exactement deux cases de l'échiquier.

Peut-il recouvrir les 62 cases restantes de l'échiquier avec les 31 dominos, sans les couper ?

Attention : vous devez justifier votre réponse !

Solution page 163

BLANC BONNET ET BONNET BLANC

Cinq prisonniers perses marchent en file indienne, enchaînés les uns aux autres. Leur position est telle que :

• le premier ne voit aucun de ceux qui marchent derrière lui ;
• le deuxième ne voit que le premier ;
• le troisième, le quatrième et le cinquième peuvent voir tous les prisonniers qui les précèdent.

Chaque prisonnier porte sur la tête un bonnet phrygien. Deux portent un bonnet blanc, tandis que les trois autres portent un bonnet bleu. Si l'on demande au troisième prisonnier la couleur de son bonnet, il répond qu'il ne sait pas. Si on pose ensuite la même question au deuxième prisonnier, il répond qu'il ne sait pas non plus. En revanche, si l'on pose pour finir la même question au premier prisonnier, il répond qu'il peut indiquer la couleur de son bonnet.

Quelle est cette couleur ?

Solution page 163

LA MOSAÏQUE

Un riche Béotien fait réaliser pour sa demeure la mosaïque suivante, à l'aide de carrés de céramique, entiers ou non, parfaitement joints, d'un centimètre de côté :

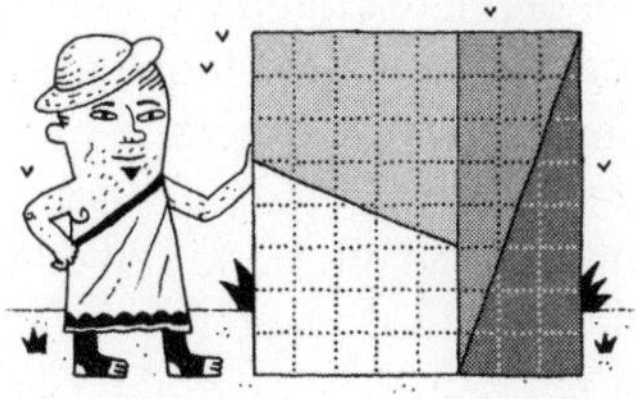

Le Béotien décide finalement qu'il préférerait une mosaïque rectangulaire. Les ouvriers la démontent donc et la replacent ainsi :

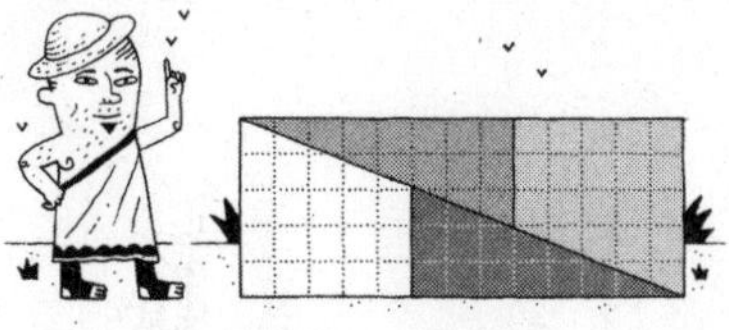

En inspectant les travaux finis, le Béotien se rend compte que la mosaïque carrée mesurait $8 \times 8 = 64$ cm² alors que la mosaïque rectangulaire mesure $5 \times 13 = 65$ cm².

D'où vient le cm² supplémentaire ?

Solution page 164

Nombre merveilleux

Un sage interroge son disciple : « Je cherche un nombre. Si on ajoute 5 à ce nombre, il devient divisible par 5. Si on ajoute 7 à ce nombre, il devient divisible par 7. Si on ajoute 8 à ce nombre, il devient divisible par 8. »

Quel est ce nombre ?

Solution page 164

Le bateleur

Quelques curieux se pressent autour d'un bateleur. Sur une table, il a posé cinq jetons dont on ne voit qu'une seule face : une rouge, une bleue, une verte, une jaune et une blanche. Le bateleur demande combien il faut retourner de jetons pour s'assurer qu'un jeton ayant une face bleue ait forcément l'autre face jaune. Pour avoir le droit de faire une proposition, il faut payer deux oboles, celui qui trouve la bonne réponse en remporte quatre.

Que faut-il répondre pour doubler sa mise ?

Solution page 165

L'ANNIVERSAIRE DU SAGE

Un sage dit à son disciple : « L'année prochaine, j'aurai 76 ans mais avant-hier, je n'avais que 74 ans. »

Quel jour sommes-nous et quelle est la date d'anniversaire du sage ?

Solution page 165

Chiffres mystères

Remplacez chaque lettre par un chiffre différent – attention, pas un nombre – pour vérifier l'ensemble de ces égalités :

$$\alpha \times \beta = 14$$

$$\beta - \alpha = \gamma$$

$$\alpha + \alpha = \delta$$

Solution page 166

La balance faussée

Sofia, une marchande, souhaite peser des galettes d'orge, qui sont toutes de même masse. Elle ne dispose pour ce faire que d'une balance dont un bras est plus long que l'autre. Lorsqu'elle place 16 galettes sur le plateau de gauche et un poids de 1 kg sur le plateau de droite, la balance est à l'équilibre. Même chose, si elle place 4 galettes sur le plateau de droite et le poids de 1 kg sur le plateau de gauche.

Combien pèse une galette ?

Solution page 166

LE SECOND ENFANT

Une famille a deux enfants, l'un est un garçon.

Quelle est la probabilité que l'autre enfant soit une fille ?

Solution page 167

Auprès de mon arbre

Ménas possède un terrain avec une maison et un olivier, qui sont tous deux sur la même rive de l'Achéloos. Chaque jour, il prend une cruche chez lui, va puiser de l'eau dans le fleuve et arrose son olivier. Mais la chaleur de l'été grec est tellement étouffante qu'il cherche à rester dehors le moins possible.

En supposant que la rive est parfaitement rectiligne et qu'aucun obstacle ne peut gêner son chemin, comment Ménas peut-il déterminer le point où prendre de l'eau de manière à emprunter le chemin le plus court ?

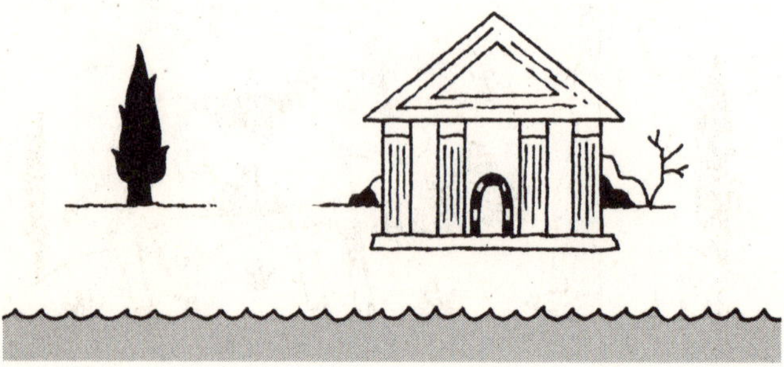

Solution page 167

LA VENGEANCE D'HÉRA

La déesse Héra a réussi à capturer Io, la maîtresse de Zeus, son volage époux, qu'il a transformée en génisse. Héra place sa rivale dans un pré rectangulaire sans clôture.

Quel ingénieux système invente-t-elle pour attacher Io, de sorte qu'elle puisse aller et venir dans l'ensemble du pré sans toutefois pouvoir en sortir ?

Solution page 168

DOS AU MUR

La pythie de Delphes désigne les futures prêtresses d'Apollon et d'Athéna. Elle marque d'un sceau blanc le front des prêtresses d'Athéna et d'un sceau rouge le front des prêtresses d'Apollon. Les jeunes femmes choisies ne connaissent pas la couleur du sceau qu'elles portent sur le front mais elles peuvent voir la couleur du sceau des autres.
La pythie leur demande de s'aligner en silence dos au mur de façon à ce que toutes les prêtresses d'Apollon soient d'un même côté et toutes les prêtresses d'Athéna soient de l'autre.

Comment les jeunes femmes doivent-elles s'y prendre pour connaître la couleur de leur sceau ?

Solution page 168

La fausse pièce de Nikandros

Nikandros, le marchand d'armes, apprend qu'un faussaire s'est vanté sur l'agora de l'avoir payé avec une fausse pièce. Nikandros voudrait bien retrouver cette pièce, mais elle est mélangée dans sa caisse avec 9 autres pièces d'aspect identique. Néanmoins, il sait que cette pièce est plus légère que les autres. Ne souhaitant pas perdre de temps à peser ses pièces une par une, il pense pouvoir déterminer quelle pièce est la fausse en deux pesées seulement, en utilisant sa balance à double plateau.

Comment va-t-il s'y prendre ?

Solution page 169

POTERIES EN SOLDES

Un marchand de poteries brade ses articles, qu'il ne veut pas avoir à remporter en Anatolie, d'où il vient. Il propose deux formules promotionnelles au choix du client :

- Promotion A : 2 poteries achetées = 1 gratuite.
- Promotion B : 1 poterie achetée = la 2e à – 50 %.

Quelle offre est la plus intéressante pour acheter deux poteries ? trois poteries ? quatre poteries ? cinq poteries ? six poteries ?

Solution page 169

Les coupes de vin

Sur la table d'un banquet, six coupes de vin sont alignées : trois vides et trois pleines.

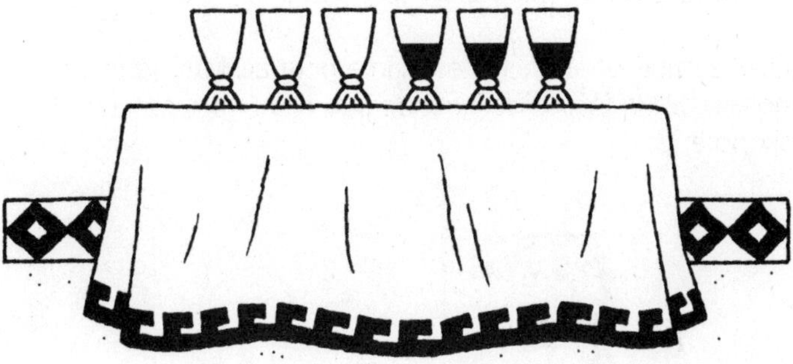

Comment obtenir une alternance vide-pleine-vide-pleine-vide-pleine en changeant uniquement deux coupes de place ?

Solution page 170

LE LOTO IDIOT

C'est la fête au village de Kalavrita, où est organisé un loto ne comportant que 13 numéros. Les villageois disposent de tablettes d'argile sur lesquelles ils peuvent graver 6 numéros. Les organisateurs tireront 6 numéros. Il faut avoir 3 numéros de commun avec le tirage pour gagner.

Combien de tablettes faut-il au minimum à Talos pour être certain de gagner ?

Solution page 170

Les jeux olympiques

Les spectateurs des Jeux olympiques trouvent que les gradins sont trop serrés et qu'ils n'ont pas de place pour leurs pieds lorsqu'il y a un spectateur assis devant eux. Lors de la première épreuve, les gradins sont remplis au quart de leur capacité. Lors de la deuxième épreuve, les gradins sont pleins à 100 %. D'après Olympie, la cité organisatrice, 50 % des épreuves ont pu être vues dans des conditions satisfaisantes par les spectateurs. Pourtant, ces chiffres ne concordent pas avec ceux du sondage effectué auprès de l'ensemble des spectateurs ayant assisté à une épreuve des Jeux olympiques.

Pourquoi ?

Solution page 171

LES TROIS BOÎTES DE PANDORE

Zeus offre à Pandore trois boîtes : l'une contient le malheur, la deuxième la pauvreté, et la dernière l'espoir. Pandore doit choisir une des boîtes et répandre son contenu sur l'Humanité. Pour l'aider à trouver la boîte de l'espoir, Zeus lui donne une chance supplémentaire : Pandore fera un premier choix, après quoi il lui indiquera une boîte néfaste et elle pourra modifier son choix. Pandore désigne alors la première boîte. Zeus lui indique que la troisième boîte est néfaste.

Pandore a-t-elle intérêt à conserver son choix ou à choisir la deuxième boîte ?

Solution page 171

LA MARELLE

Des enfants jouent à la marelle sur l'agora. Ils souhaitent colorier
les cases avec des couleurs différentes de manière à ce que deux cases de même couleur ne soient pas en contact.

De combien de couleurs au minimum les enfants ont-ils besoin ?

Solution page 172

Carré... Hermès ?

Sur le marché, une cliente demande à Euphrosyne, une drapière, de lui découper un carré de tissu, exposé sur son stand, en 2 carrés égaux. La drapière, patiente, lui explique qu'elle ne pourra y parvenir sans avoir à assembler des morceaux de tissus préalablement découpés entre eux.

Comment doit-elle s'y prendre ?

Solution page 172

UNE DRÔLE DE QUESTION

Dans le cadre ci-dessous, combien de phrases sont vraies ?

Solution page 173

Les offrandes

Des offrandes sont déposées devant le temple d'Apollon. Antonios donne 5 oboles de plus que Petros, 15 oboles de plus que Zénas, et 20 de plus que Héron. Le total des offrandes s'élève à 120 oboles.

Combien chacun a-t-il donné ?

Solution page 173

LA FIBULE

Cassandra achète une fibule, une espèce d'épingle, 20 drachmes et la revend 25 drachmes à une amie. Regrettant de s'en être séparée, elle la rachète un peu plus tard à son amie 30 drachmes, puis, après l'avoir portée quelque temps, la revend finalement 40 drachmes.

Quel est le bénéfice réalisé par Cassandra ?

Solution page 174

La cité des paresseux

À Sparte, les citoyens travaillent 8 heures par jour, c'est-à-dire le tiers de la durée du jour. En un an, la durée du travail équivaut donc à 1/3 de 365, soit environ 122 jours. Les citoyens ne travaillent ni le samedi ni le dimanche, soit 2 × 52 = 104 jours par an. Il ne reste donc plus que 122 – 104 = 18 jours de travail. Or les jours de fête, consacrés aux différentes divinités du panthéon grec, ne sont pas travaillés et ils représentent plus de 18 jours au total.

Peut-on en conclure que personne ne travaille à Sparte ?

Solution page 174

QUERELLES DE CORNICHES

Les temples d'Apollon, d'Aphrodite et d'Athéna ont été érigés de part et d'autre de trois villages de l'Attique. En raison de querelles de corniches, chaque village veut aménager son propre accès à chacun des trois temples, et refuse catégoriquement que ses chemins croisent les chemins des villages voisins.

Où tracer les chemins pour respecter ces contraintes ?

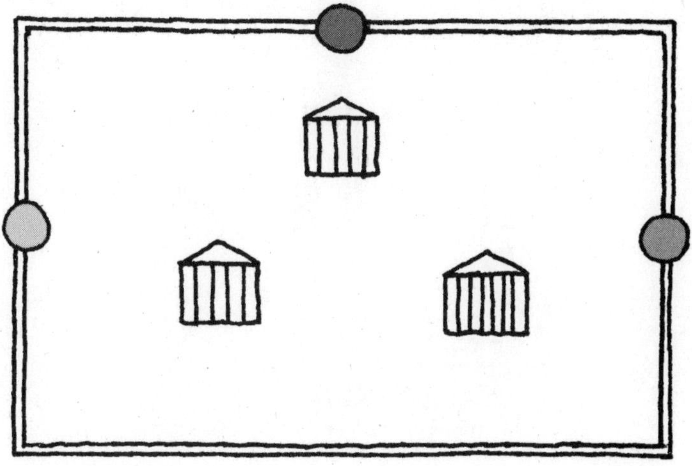

Solution page 175

L'AVEUGLE PERSPICACE

Un aveugle est invité à un dîner. Au début de la soirée, un serviteur sert une coupe de vin à chaque convive et tous les convives trinquent. Au cours de la soirée, l'un des convives, qui a mal supporté le vin, rentre chez lui. À la fin de la soirée, tous les invités restants sont resservis et trinquent à nouveau. L'aveugle remarque qu'il y a eu 8 tintements de moins qu'au début de la soirée.

Combien y avait-il de personnes invitées au total ?

Solution page 175

L'ÉCLAIREUR

Un général spartiate place trois jetons dans un sac de toile pour tirer un éclaireur au sort entre trois soldats : le premier jeton comporte deux faces blanches, le deuxième deux faces noires, et le dernier une face blanche et une face noire. Le soldat qui tirera le jeton avec deux faces noires sera l'éclaireur. Dimitrios, le premier soldat, pioche un jeton au hasard dans le sac et regarde aléatoirement l'une des faces du jeton : elle est noire.

Quelle est la probabilité que Dimitrios soit envoyé en éclaireur ? Quelle est la probabilité qu'un autre soldat soit envoyé à sa place ?

Solution page 176

BATAILLE EN STATISTIQUES

À l'issue d'une bataille sanglante, soldée par une écrasante victoire des Athéniens, un soldat athénien établit un certain nombre de statistiques en vue d'écrire un ouvrage d'histoire pour les générations futures. Il note ainsi le pourcentage de chevaux morts, le pourcentage de casques fendus en deux, ou encore celui des combattants ayant perdu une sandale. Dans le camp adverse, un Lacédémonien se livre au même exercice. Les deux hommes sont parfaitement impartiaux, pourtant, l'un des pourcentages est très différent d'un récit à l'autre.

Que concerne-t-il ?

Solution page 176

Sous vos applaudissements

À l'issue de la représentation de la comédie Les Grenouilles d'Aristophane, Alexios et Pelagia applaudissent les acteurs venus saluer. Alexios tape 6 fois dans ses mains en 6 secondes tandis que Pelagia tape 8 fois dans ses mains en 8 secondes.

Lequel des deux spectateurs tapera le plus rapidement 10 fois dans ses mains ?

Solution page 177

Le joueur d'aulos

Lavrentios joue de l'aulos, un instrument à vent, sur un chantier de construction, pour rythmer les coups de pioche des ouvriers. Il ne connaît que deux mélodies, l'hymne à Mars et l'hymne à Neptune, qu'il joue aléatoirement en continu. Ilias, l'un des ouvrier, parie un mouton avec son compagnon Prokopios, qu'ils entendront une série hymne à Mars–hymne à Neptune–hymne à Neptune avant une série hymne à Neptune–hymne à Neptune–hymne à Mars.

Les chances de remporter le pari sont-elles équitables ?

Solution page 177

La tablette brisée

Un élève de Pythagore inscrit une égalité sur sa tablette d'argile. Après le cours, il laisse la tablette en plein soleil sur un banc de pierre. Lorsque l'élève vient pour récupérer sa tablette, elle est dure et très chaude, aussi la lâche-t-il par terre, dans un réflexe pour ne pas se brûler. Elle se brise en 7 morceaux, chacun comportant un chiffre ou un opérateur.

Reconstituez l'égalité à partir des morceaux dispersés :

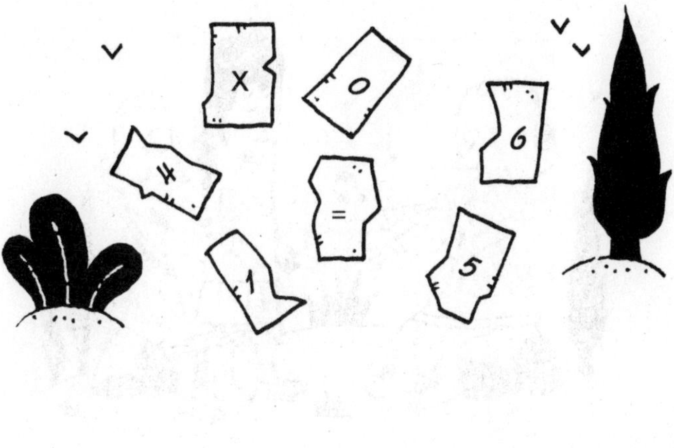

Solution page 178

I = KM 1 000 000 M ?!

Si x, y, z et t sont des nombres quelconques pour lesquels $x = y$ et $z = t$, on a : $x \times z = y \times t$.
Ainsi, si 0,5 km = 500 m et 2 km = 2 000 m,
on en déduit que : 0,5 × 2 km = 500 × 2 000 m,
c'est-à-dire 1 km = 1 000 000 m !

Où est l'erreur ?

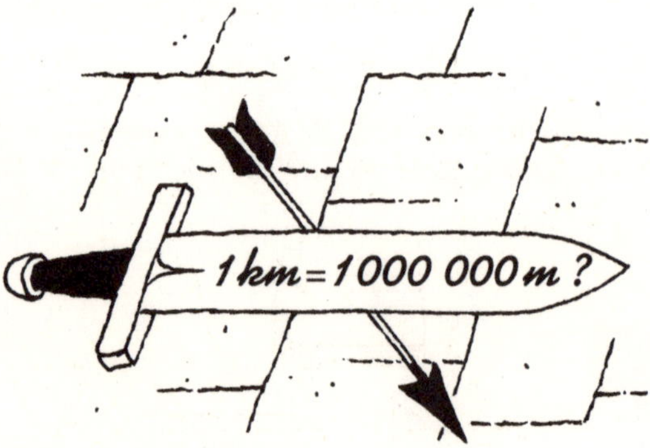

Solution page 178

Les pommes d'or

Pour ses noces avec Zeus, Gaia offre à Héra trois coffrets précieux contenant chacun deux pommes d'or :

- le premier contient une pomme d'or jaune et une pomme d'or blanc ;
- le second contient deux pommes d'or jaune ;
- le troisième contient deux pommes d'or blanc.

Sur chaque coffret sont gravées deux pommes en métal précieux
(or blanc–or blanc ; or blanc–or jaune ; or jaune–or jaune), mais il y a eu erreur au moment de ranger les pommes dans les coffrets et aucune des gravures ne correspond au contenu du coffret.

Comment peut-on connaître le contenu de chaque coffret en ne choisissant qu'une seule pomme, dans un seul coffret ?

Solution page 179

Le pont

Un pont très ancien et fragile ne peut supporter que 80 kg. Or Diomidis, qui pèse 79 kg, souhaite le traverser en une seule fois muni de deux boulets de 1 kg chacun.

Sachant que les deux extrémités du pont sont trop éloignées pour que Diomidis lance les boulets, comment peut-il faire pour effectuer la traversée ?

Solution page 179

Narcisse et son miroir

Afin de pouvoir s'admirer dans toutes les positions, le beau Narcisse, partant de la constatation que les miroirs habituels donnent une image symétrique selon un axe vertical – la gauche est à droite et inversement –, tente de mettre au point un miroir où la symétrie serait cette fois-ci horizontale.

Va-t-il y parvenir ?

Solution page 180

8 FOIS 5 = 11 !

Comment obtenir 11 en utilisant 8 fois le chiffre 5 ?

Solution page 180

LE PARTAGE DES CREVETTES

Alors que Plutarque se promène vers le Pirée, il rencontre deux pêcheurs qui s'apprêtent à manger des crevettes. Il leur demande s'il peut partager leur repas, ce qu'ils acceptent. Le premier pêcheur pose 5 crevettes sur une écuelle et le second 7. Chacun des trois hommes mange 4 crevettes. Pour dédommager les pêcheurs, Plutarque leur donne 12 pièces de monnaie. Le premier pêcheur en prend 5 et le second 7. Ils pensent ainsi faire un partage équitable car cela correspond au nombre de crevettes que l'un et l'autre ont offert pour le repas. Plutarque leur indique qu'ils se trompent.

Pourquoi ?

Solution page 181

Les palets

Lors des Elaphébolies, en l'honneur d'Artémis, des jeux sont organisés sur l'agora. L'un d'eux consiste à faire passer trois palets de tailles différentes, d'un poteau A, sur lequel ils sont enfilés, à un poteau final C, en utilisant un troisième poteau B. Les trois poteaux sont suffisamment hauts pour accueillir tous les palets mais il faut respecter les contraintes suivantes :

• il est impossible de déplacer plus d'un seul palet à la fois ;

• aucun palet ne peut avoir au-dessus de lui un palet plus grand.

Quelle est la meilleure façon de procéder ?

Solution page 181

CONVOI D'ESCLAVES

Afin de rallier Athènes, où ils doivent être vendus, des esclaves sont répartis dans plusieurs charrettes, chacune transportant le même nombre de Thraces, de Scythes et de Cappadociens. Un vieillard, qui observe le convoi, constate que chaque Scythe voyage avec 1 Thrace et 3 Cappadociens, et que chaque Cappadocien voyage avec 2 Scythes et 1 Thrace. Au total, il dénombre 12 Cappadociens.

Combien y a-t-il de charrettes dans le convoi et quelle est la répartition des esclaves par nationalité dans chacune d'elles ?

Solution page 182

LE POIDS DES JARRES

Haralambis veut vendre 4 jarres (A, B, C et D) plus ou moins remplies d'huile d'olive. Il effectue les pesées suivantes :

- A est plus lourd que B.
- C est plus lourd que D.
- C est plus lourd que A.

Quelle jarre est plus légère que B ?

Solution page 182

Demande en mariage

Le jeune Loukiani vient demander la main de Poulcheria à son père. À titre de réponse, ce dernier explique qu'il s'en remet aux dieux pour prendre sa décision. Il donne à Loukiani 5 petits cailloux blancs et 5 petits cailloux noirs ainsi que deux bols. Le jeune homme devra répartir l'ensemble des cailloux dans les deux bols. Poulcheria devra ensuite, les yeux bandés, plonger sa main dans l'un des deux bols et en tirer un caillou. Si le caillou est blanc, Loukiani aura la main de la jeune fille ; si le caillou est noir ou s'il triche, ce sera un signe que les dieux s'opposent à cette union et il sera éconduit.

Comment Loukiani peut-il faire pour augmenter ses chances d'obtenir la main de sa bien-aimée ?

Solution page 183

LES SENTINELLES

Toutes les heures, une sentinelle troyenne entend un son de cor venu d'une autre sentinelle, auquel il doit répondre en soufflant à son tour dans son cor, pour indiquer que tout va bien. Depuis le début de sa garde, la sentinelle a entendu cinq fois le cor de l'autre sentinelle.

Au bout de combien de temps a-t-elle entendu ces cinq sons de cor ?

Solution page 183

Un banquet bien arrosé

Trois jeunes Athéniens assistent à un banquet. Le premier boit 3 coupes de vin de plus que le deuxième, qui boit lui-même 3 coupes de vin de plus que le dernier. Or le premier boit deux fois plus de coupes que le dernier.

Combien chacun a-t-il bu de coupes de vin ?

Solution page 184

LES PIÈCES ALIGNÉES

Un fou lance un défi à Thalès : ne déplacer qu'une seule pièce pour obtenir le même nombre de pièces dans l'alignement horizontal que dans l'alignement vertical.

Quelle solution Thalès propose-t-il ?

Solution page 184

LES OLIVERAIES

Un riche propriétaire terrien possède quatre oliveraies. La première compte 4 arbres de plus que la deuxième, qui compte elle-même 4 oliviers de plus que la troisième, qui compte elle-même 4 arbres de plus que la dernière. Or la première oliveraie compte deux fois plus d'arbres que la dernière.

Combien d'arbres sont plantés dans chaque oliveraie ?

Solution page 185

PREMIER PROBLÈME DE VASSILI

Vassili recherche les quatre nombres consécutifs dont la somme est égale à 70.

Pouvez-vous l'aider ?

Solution page 185

DALLAGE EN TRIANGLES

Voici un détail du dallage du célèbre palais du roi Minos, à Cnossos, en Crète.

Combien compte-t-il de triangles au total ?

Solution page 186

LES FIGUIERS

Dans le jardin d'Hector sont plantés 5 figuiers de telle sorte qu'ils forment 2 alignements de 3 figuiers :

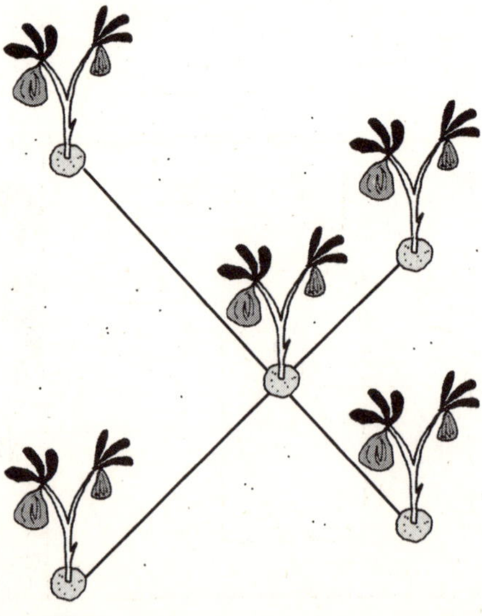

Comment Hector peut-il créer 2 alignements supplémentaires de 3 figuiers en plantant seulement un figuier de plus ?

Solution page 186

Rectangles enchevêtrés

Combien de rectangles de toutes tailles voyez-vous dans ce dessin ?

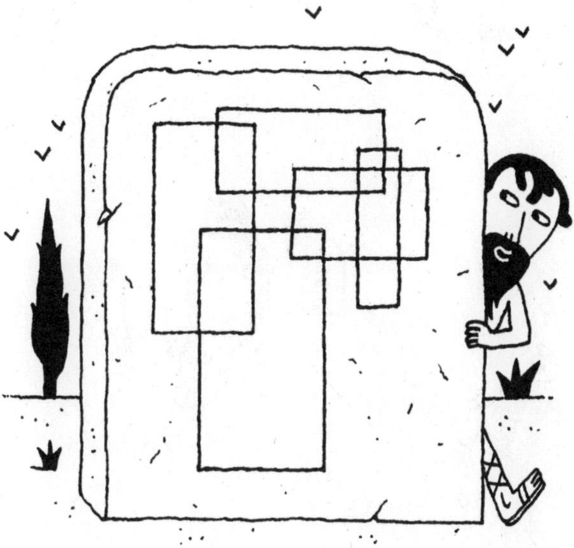

Solution page 187

Les feuilles de vigne

Elpida a préparé des feuilles de vigne farcies, qu'elle partage avec trois amies. À la fin du repas, elle a mangé 5 feuilles de vigne de moins que Lydia, 7 de moins que Sofia et 3 de moins que Glyceria. Au total, les quatre amies ont mangé 35 feuilles de vigne farcies.

Combien chacune en a-t-elle mangé ?

Solution page 187

LE FILS AÎNÉ DE PYTHAGORE

À l'un de ses élèves qui lui demande l'âge de son fils aîné, Pythagore répond : « Divise 6 par 1/2, ajoute 2 et tu obtiendras l'âge de mon fils aîné. »

Quel âge a le fils aîné de Pythagore ?

Solution page 188

LE TEMPLE D'APOLLON

Un ouvrier doit réaliser le pavement du temple d'Apollon à Délos, avec des pavés carrés de 12 cm de côté. L'architecte demande à l'ouvrier de disposer les pavés en losange, sans laisser aucun jour entre eux.

Sachant qu'un mur du temple mesure 3 m de large, combien de pavés au maximum l'ouvrier pourra-t-il poser sur toute la largeur du mur ?

Solution page 188

LE COMPTE EST BON !

Dans la liste suivante, quels sont les trois nombres dont la somme est égale à 100 et les trois autres nombres dont le produit est égal à 1 000 ?

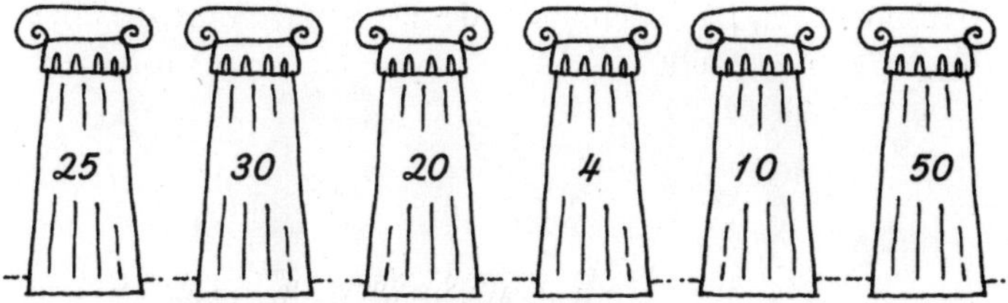

Solution page 189

L'âge des enfants

Andonis a deux fois l'âge de son frère Porfirios. À eux deux, ils ont 18 ans.

Quel est l'âge de chacun ?

Solution page 189

VIN EN VRAC

Un navire marchand décharge sa cargaison dans le port du Pirée. Il transportait des amphores toutes identiques, mais de contenu différent : certaines contenaient du vin de Némée, d'autres du vin de Mantinia, d'autres encore du vin de Patras et les dernières du vin de Céphalonie. Par précipitation, les amphores sont déposées au sol sans être triées par provenance. Or un acheteur arrive, souhaitant acheter deux amphores d'un même vin. Il ne peut pas ouvrir les amphores pour en déterminer le contenu car elles sont scellées.

Combien d'amphores doit-il acheter au minimum pour être certain d'avoir au moins deux amphores contenant le même vin ?

Solution page 190

SOLUTIONS

FRÈRES ET SŒURS

Il y a quatre filles et trois garçons dans cette famille.

SUITE LOGIQUE

Il faut inscrire 1944, car chaque nombre est le produit des deux précédents.

TOUS SAUF DEUX...

Trois attelages s'apprêtent à prendre le départ de la course de chars : un rouge, un bleu et un noir.

D'UN SEUL TRAIT

Cette figure peut se décomposer en deux parties, la partie centrale et le périmètre :

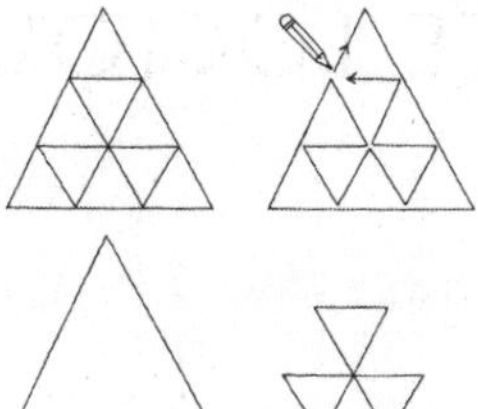

Chacune de ces deux parties peut être reproduite sans lever le crayon ni passer deux fois sur la même ligne : il suffit de partir d'un point d'intersection entre ces deux parties, par exemple le point désigné par le crayon, puis de tracer entièrement une des deux parties avant de finir de reproduire la figure en dessinant la seconde.

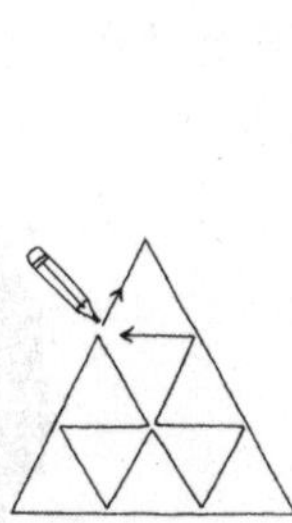

L'AMPHORE DE VIN

Il faut 40 minutes à Nikolos, Orion et Stamos pour boire tout le vin contenu dans l'amphore. En effet, Nikolos boit 1/1 de l'amphore en 1 heure, Orion boit 1/3 de l'amphore en 1 heure, Stamos boit 1/6 de l'amphore en 1 heure.

Les trois hommes boivent donc en 1 heure :
1/1 + 1/3 + 1/6 = 6/6 + 2/6 + 1/6 = 9/6 = 3/2 = 1,5 amphore.
Il leur faut donc 40 minutes (60/1,5) pour boire tout le vin contenu dans l'amphore.

LES POURCEAUX DE CIRCÉ

Tous les enclos sont imbriqués les uns dans les autres : le premier enclos est dans le deuxième, qui est lui-même dans le troisième, qui se trouve lui-même dans le quatrième.

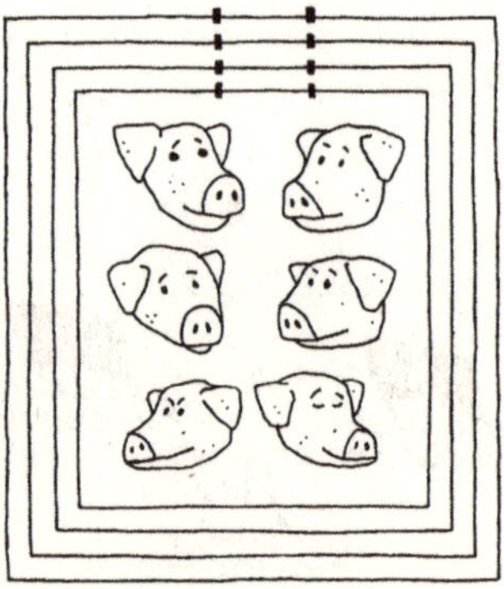

Solution des pages 11-12

Dominons les dominos

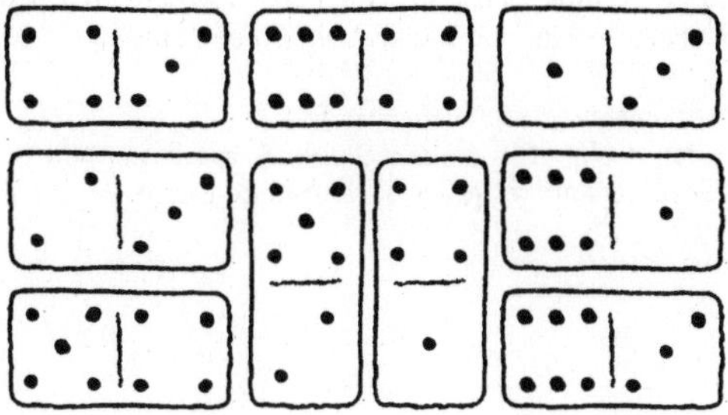

L'assaut de Troie

Les rois grecs doivent conserver quatre trières. En effet, soit n le nombre de guerriers maximum que peut transporter un bateau. Au départ, il y a $n \times 7 \times 2/3$ de guerriers au total. Après la mort à Troie d'un quart des guerriers grecs, il reste $n \times 7 \times 2/3 \times 3/4$ guerriers, c'est-à-dire $n \times 42/12 = n \times 7/2 = 3{,}5 \times n$.
Il faut donc conserver quatre trières pour que tous les guerriers grecs encore en vie puissent avoir une place à bord.

UN CHOIX IMPOSSIBLE

Il doit dire : « Je vais avoir la tête tranchée ! »
Le général troyen se trouvera alors confronté à un paradoxe : s'il tranchait la tête du prisonnier, la dernière déclaration de celui-ci serait vraie ; Hector devrait donc le lapider.
Mais, s'il le lapidait, la dernière déclaration du prisonnier serait fausse.
Ne pouvant trouver de façon de mettre à mort son prisonnier sans se renier, le sage Hector lui laissera peut-être la vie sauve...

DIFFÉRENTS ET ÉGAUX

Les deux équations seront justes si les élèves de Pythagore remplacent les inconnues par des nombres opposés.
Par exemple, si $a = 2$ et $b = -2$, a est bien différent de b, mais leurs carrés sont égaux.

LE JARDIN DES OLIVIERS

L'esclave doit placer les dix oliviers aux sommets et aux intersections d'une étoile à cinq branches qu'il tracera sur le sol.

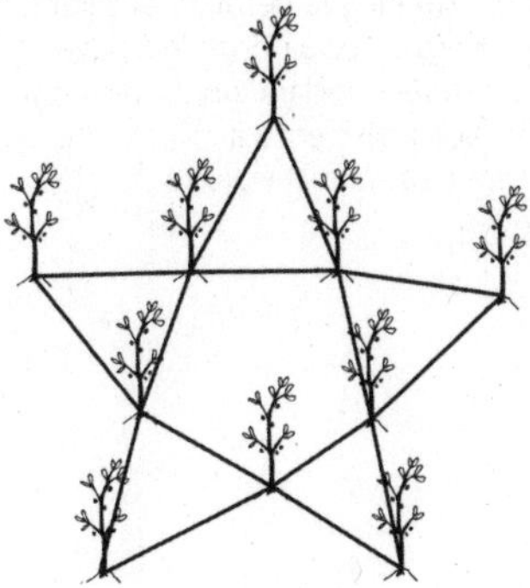

LABYRINTHE NUMÉRIQUE

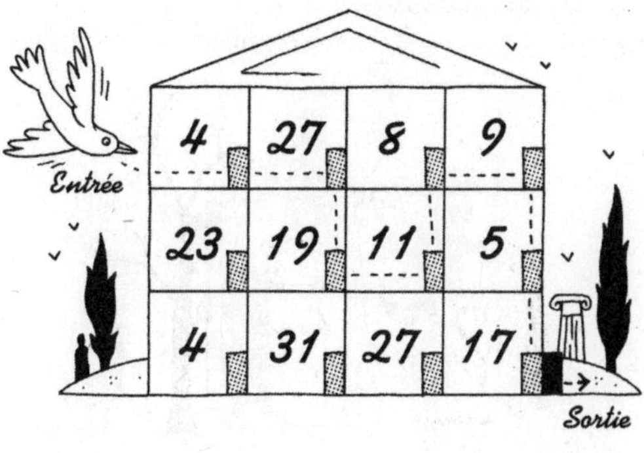

Solution des pages 17-18

Course à pied

Lorsque le 9e et le 15e coureur se croisent, le 12e coureur est à l'une des deux extrémités de la piste d'entraînement. Si, au même instant, le 25e et le 29e coureur se croisent, c'est que le 27e coureur est à l'autre extrémité de la piste. Sur une des deux moitiés de la piste, on compte donc

27 – 12 =15 coureurs.

15 × 2 = 30 athlètes courent donc simultanément sur la piste d'entraînement.

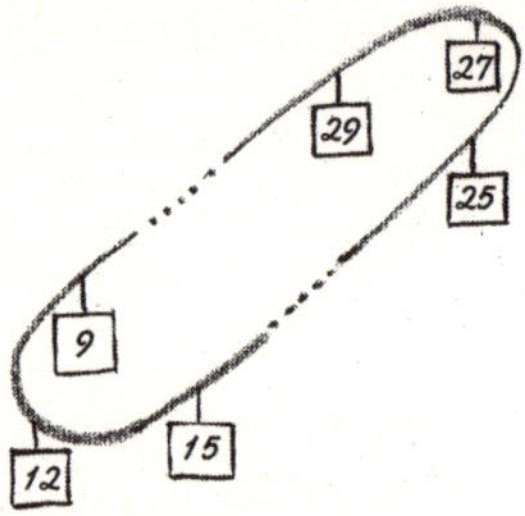

Les trois Troyens

Les trois soldats troyens tournent en rond !

LES MARCHANDS D'ESCLAVES

Un Thrace vaut quatre Scythes et un Grec huit Scythes.
À son arrivée au marché aux esclaves, Agésilas possède un Grec (= huit Scythes), trois Perses (= six Scythes) et deux Scythes : il dispose donc d'une valeur équivalente à seize Scythes.
Après ses échanges avec l'autre marchand éphésien, Agésilas est propriétaire de trois esclaves, d'une valeur totale équivalente à seize Scythes : $8 + 4 + 4 = 16$.
Agésilas repart du marché de Samos en possession d'un Grec et de deux Thraces.

LE DISCOBOLE

Soit x la masse du disque, on a donc :

$x = 2 + x/2$

$x - x/2 = 2$

$x/2 = 2$

$x = 4$

Le disque a donc pour masse quatre mines, soit environ 1 744 grammes.

LES BOURSES

Le riche Athénien a ouvert trois petites bourses, une bourse de taille moyenne et deux grandes bourses : (3 × 3) + (1 × 5) + (2 × 7) = 28 pièces.

LE CHANT DU BERGER À LA BERGÈRE

À la longueur du convoi d'hoplites, il faut ajouter la distance
sur laquelle Électre ne peut plus entendre Télémaque, avant et après le passage de la phalange, soit 2 × 100 m. On obtient donc : 300 + (2 × 100) = 500 mètres.

Étant donné que la phalange marche à 6 km/h, soit 6 000 m/h ou 100 m/min, Électre a été privée du chant de Télémaque pendant 500/100 = 5 minutes.

QUESTION PIÈGE

Un homme avisé pourrait demander au sophiste :

X NUMÉRIQUE

Plusieurs solutions sont possibles. Par exemple :

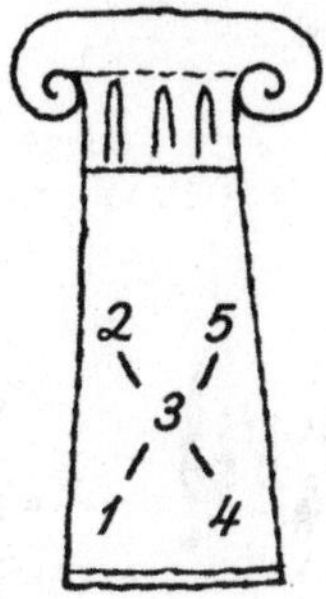

Solution des pages 25-26

L'IMPÔT SUR LE VIN

Cent litres de vin seront nécessaires à Eustrate pour satisfaire son client et payer son impôt à la cité. En effet, dans ce cas, sur 100 % de sa production, il en fournira bien 90 % à son client et 10 % à la cité.

HISTOIRE D'ÂGE

Soit p l'âge de Phèdre et h l'âge d'Hippolyte.
On sait que $p + h = 65$ et que $p = h + 25$.
D'où $2 \times h + 25 = 65$
$2 \times h = 65 - 25 = 40$
$h = 40/2 = 20$
Hippolyte a donc 20 ans.

$p = 20 + 25 = 45$
Et Phèdre a 45 ans.

LA DESCENTE AUX ENFERS

Eurydice et Phœbé doivent faire ensemble la première traversée. Ensuite, Eurydice rejoint la rive où se trouve encore son bien-aimé et descend de la barque pour lui permettre de traverser la rivière seul avec Charon. Puis, Phœbé remonte à bord de l'embarcation et rejoint Eurydice. Enfin, les deux jeunes femmes traversent ensemble la rivière pour rejoindre l'autre rive, où Orphée les attend en jouant de la lyre.

L'AMPHORE

Il reste un demi-pied cube de liquide. En effet, si au départ, la boisson dans l'amphore contient 99 % d'eau, cela signifie qu'elle compte 1 % de matière sèche. Or le volume de matière sèche reste le même au cours de l'évaporation : 1 % de 1 = 0,01.

Ainsi, la matière sèche représente, après l'évaporation, 2 % du volume final (V) :

$V \times 2/100 = 0,01$

$V = 0,01 \times 100/2$

$V = 0,5$

Il reste donc bien un demi-pied cube d'arôme de menthe dans l'amphore après évaporation.

LES GRIFFONS

Il y a au total quatre griffons pour garder le temple. Chacun est assis sur sa propre queue et regarde les trois autres installés aux trois autres coins du temple.

PENTAMINOS

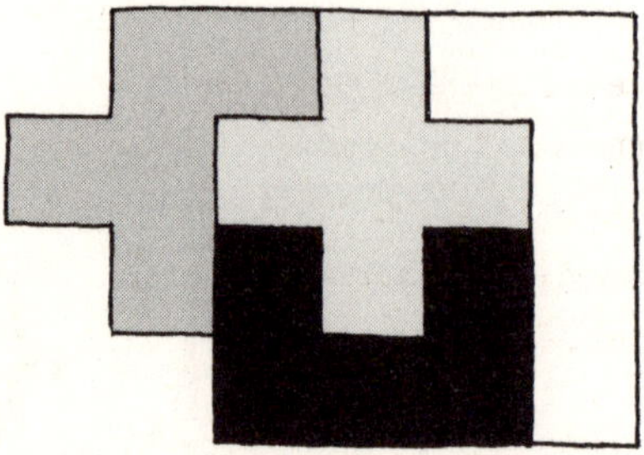

LA BATAILLE DE MARATHON

Sur la première moitié du trajet, Phidippidès a consommé 2 × 1,4 = 2,8 litres d'eau.
Le jeune soldat souhaite ne consommer que 40 ÷ 10 = 4 litres d'eau sur l'ensemble du trajet, ce qui correspond à la contenance de son outre.
À mi-parcours, il ne reste à Phidippidès que 4 – 2,8 = 1,2 litre à boire, il doit donc réduire sa consommation d'eau à 0,6 litre aux 10 kilomètres.
Malheureusement, pour lui, ça n'est pas suffisant pour courir sous le soleil cuisant de l'Attique : il arrive à Athènes complètement déshydraté et s'effondre sur l'agora en lançant un « Nenikekamen ! » héroïque.

CIRCONFÉRENCE DE LA TERRE

La circonférence de la Terre augmenterait seulement de 6,28 m.

En effet, la formule de la circonférence est $2 \times \pi \times r$.

Donc si le rayon augmente de 1 m, la circonférence augmente de $2 \times \pi \times 1$, soit environ : 2 × 3,14 × 1 = 6,28 m.

La valeur initiale du rayon est sans incidence sur le calcul, seule la variation de valeur compte.

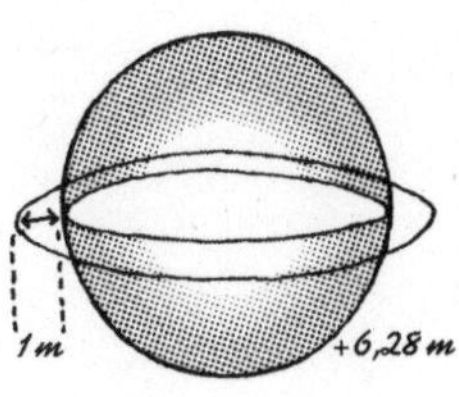

Malheureusement, Strabon garda ses réflexions pour lui et il fallut attendre Galilée pour que le monde apprenne que la Terre était ronde !

Solution des pages 33-34

QUATRE COMMUN

Ces six chiffres comportent tous quatre lettres en français !

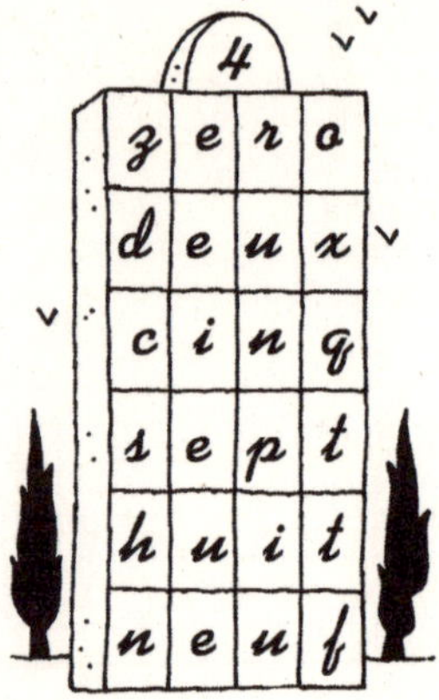

AIGUILLES AU CARRÉ

Les deux aiguilles forment 22 angles droits en 12 heures. En effet, la grande aiguille fait 12 tours du cadran en 12 heures et croise donc 12 fois la petite aiguille. On peut ainsi dénombrer 11 intervalles délimités par ces 12 superpositions. Durant chaque intervalle, les aiguilles forment un angle droit à 2 reprises. Les deux aiguilles forment donc 22 angles droits en 12 heures.

LA TAPISSERIE DE PÉNÉLOPE

Pour obtenir le baiser tant attendu, le prétendant doit conseiller à Pénélope de placer les seize pierres précieuses aux sommets et aux intersections d'un motif ayant la forme de deux carrés superposés. À condition que la reine tienne sa promesse...

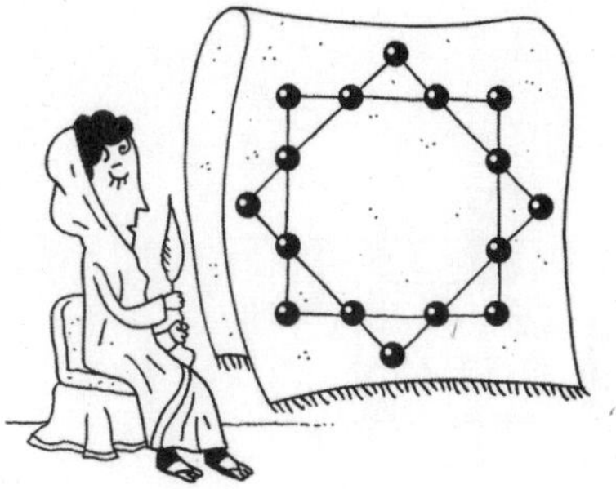

CHIFFRES ROMAINS

ENGRENAGES

L'engrenage en haut à droite ne tourne pas ! En effet, l'engrenage situé en bas – lui-même entraîné par celui situé en haut à gauche – empêche son mouvement. Épéios va devoir revoir son système !

LES SACS DE CÉRÉALES

Xenos portera 2 kg de plus que Thanos :
Si m représente la masse du sac de blé, on a :
$m = 3/4\ (m + 2) = 3m/4 + 1{,}5$
$m/4 = 1{,}5$
$m = 6$
Le sac de blé pèse donc 6 kg,
c'est-à-dire 3/4 de 8 kg, le poids du sac d'orge.
Le sac de blé, porté par Thanos,
pèse 2 kg de moins que le sac d'orge,
porté par Xenos.

Solution des pages 39-40

LA PIÈCE EN MIROIRS

Aucun ! En effet, puisqu'il n'y a aucune source de lumière, la pièce est plongée dans le noir : Narcisse ne peut donc pas admirer son reflet dans les miroirs ni tomber amoureux de son image...

LE CONSEIL DES 500

Il y a une chance sur trois que Laërte siège bientôt au Conseil des 500.
Si la face du jeton que Laërte montre à l'assemblée est noire, cela indique que :

- soit il a pioché le jeton noir/noir et montre l'une des deux faces noires ;
- soit il a pioché le jeton noir/noir et montre l'autre face noire ;
- soit il a pioché le jeton noir/blanc et montre la face rouge.

Ces trois événements ont la même probabilité de se produire.
Il y a donc une chance sur trois que la deuxième face du jeton soit blanche et que Laërte ait gagné son sésame pour le Conseil des 500.

Solution des pages 41-42

LA FETA

La feta du premier marchand contient 50 % d'eau.
Soit m_g la masse de la matière grasse, m_h la masse du fromage humide, et m_s la masse du fromage sec.
D'après l'énoncé de l'énigme, on sait que $m_g = 0{,}5 \times m_s$
et que $m_g = 0{,}25 \times m_h$.
Donc :
$0{,}5 \times m_s = 0{,}25 \times m_h$
$m_s / m_h = 0{,}25 / 0{,}5$
$m_s / m_h = 0{,}5$

L'eau représente donc 50 % de la masse totale du fromage.

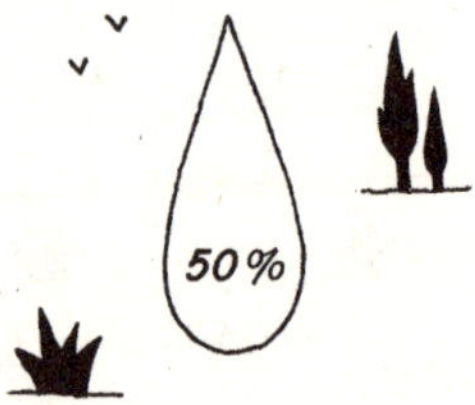

L'HORLOGE HYDRAULIQUE

Il faut compter les intervalles qui séparent chaque goutte d'eau.
Pour 3 gouttes d'eau, on compte 2 intervalles ; pour 9 gouttes d'eau, on en compte 8.
Il faut donc 8 secondes pour que 9 gouttes d'eau s'écoulent
du premier réservoir dans le deuxième.

LE PRIX DE L'HUILE D'OLIVE

Le prix de l'amphore d'huile d'olive a baissé de 25 % entre le début de la première année et la fin de la seconde. En effet, soit *p* le prix initial de l'amphore d'huile d'olive.
À la fin de la première année, le prix de l'amphore d'huile d'olive se calcule comme suit : $p \times 1,5$.
À la fin de la seconde année, le prix de l'amphore d'huile d'olive se calcule comme suit : $0,5 \times (p \times 1,5) = 0,75 \times p$.
Il faut en effet faire attention : la baisse du prix de l'amphore d'huile d'olive intervenant la seconde année porte sur le prix de l'amphore en fin de la première année et non sur le prix de l'amphore en début de la première année.
Le prix a donc baissé de 25 % sur les deux années.

LES STATUETTES DE PRAXITÈLE

Étant donné que Praxitèle a sculpté 20 statuettes, si toutes ses réalisations possédaient deux têtes, il aurait compté 40 têtes au total et non 48. Donc, si l'artiste a compté 8 têtes supplémentaires, c'est qu'il a sculpté au total 8 cerbères et 12 orthros.

Le codex de Plutarque

Plutarque ne parvient pas à glisser un marque-page entre les pages 55 et 56 de son codex car ces deux pages sont le recto et le verso d'un seul et même feuillet en parchemin !

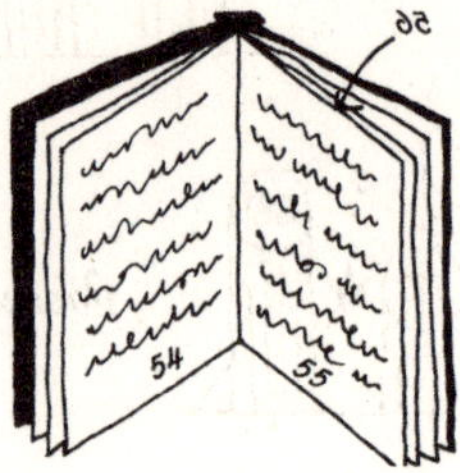

Petite course entre amis

C'est encore Ajax qui remportera la course. Il rattrapera en effet Achille lorsque celui-ci aura parcouru 190 m – et lui 200 m –, puis le dépassera au cours des dix derniers mètres. Pour avoir les mêmes chances de remporter la course, Achille aurait dû partir 10 m devant la ligne de départ et donc parcourir 190 m.

SOMME ET PRODUIT

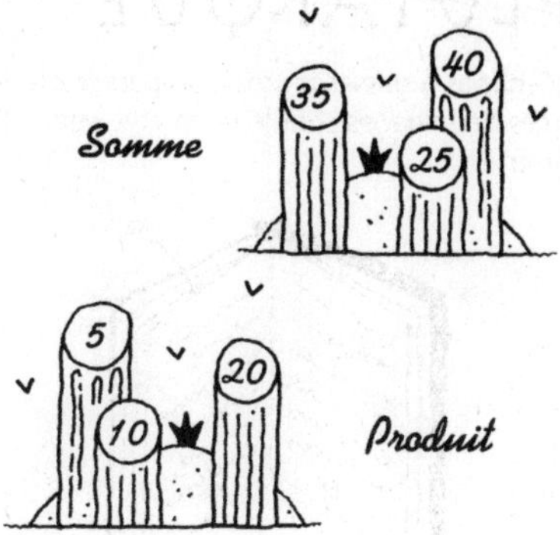

LES BREBIS

Si toutes les brebis d'Agapénor sont décimées sauf 11, il lui en reste donc 11 !

Le labyrinthe

Il n'y a aucune variation de la masse de la planète. Tous les blocs de pierre servant à la construction du labyrinthe proviennent de la Terre ; il n'y a pas eu création de matière mais seulement déplacement de matière !

Au marché

Lorsque Thétis arrive au marché, elle possède 2 kg de laine, qui équivalent à 4 kg de pain, auxquels s'ajoutent 3 kg de pain. Ses biens ont donc une valeur totale de 7 kg de pain. À la fin de la journée, Thétis repart avec 3 kg de marchandises, d'une valeur totale équivalente à 7 kg de pain : 1 + 2 + 4. Thétis rentre donc du marché avec 1 kg de pain, 1 kg de laine et 1 kg d'olives.

Solution des pages 51-52

LES PANIERS DE FIGUES

De la pesée n° 2, on déduit : B = 0,5A.
De la pesée n° 1, on déduit : C = A + 0,5A = 1,5A.
De la pesée n° 3, on déduit : A + D = 1,5A + 1,5A + 0,5A + 0,5A.
Donc : A + D = 4A, soit D = 3A.
Donc, un panier de figues de taille D équivaut à trois paniers de figues de taille A.

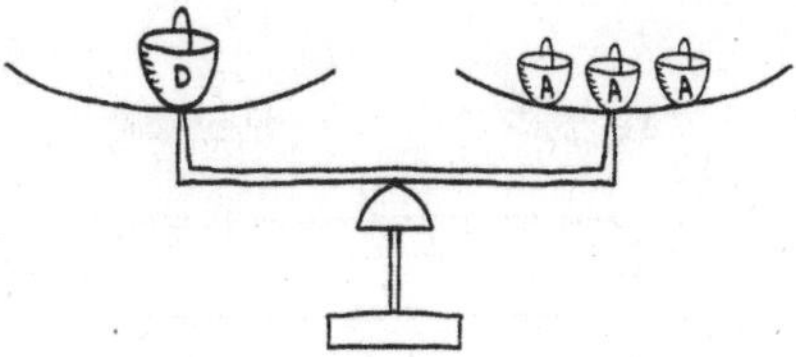

EN ALLANT VERS L'AGORA

Une seule personne se dirige vers l'agora, Pyrrhus ! Puisqu'il croise six pères, quatre mères et vingt-quatre enfants, c'est que tout ce petit monde marche dans le sens inverse de Pyrrhus et donc s'éloigne de l'agora.

Solution des pages 53-54

La pyramide

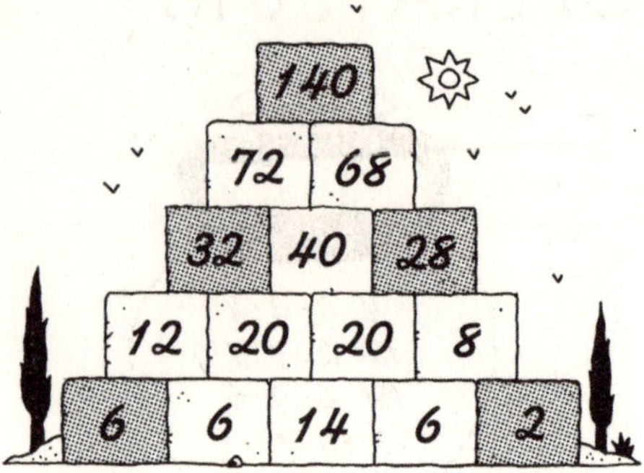

Les lutteurs

Nicostrate et Hiéroclès ne se sont pas affrontés mais ont lutté avec d'autres adversaires...

PLACEZ LES OPÉRATEURS

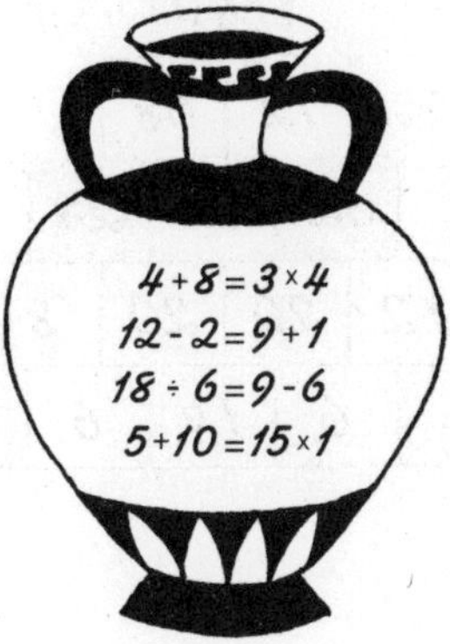

DÉCALAGE HORAIRE

En avançant dans le temps, les deux clepsydres s'éloignent autant l'une que l'autre de l'heure réelle, l'une en retardant et l'autre en avançant. Donc l'heure réelle correspond à la moyenne entre les deux clepsydres. Il est donc 16 heures.

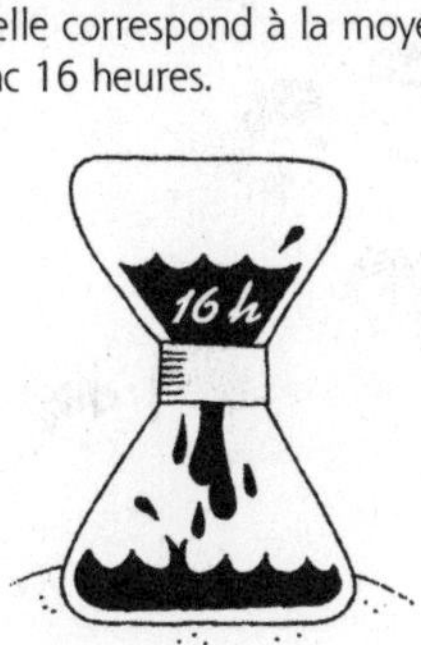

Solution des pages 57-58

LE DIADÈME

Deux solutions s'offrent à Acontios pour faire parvenir à Cydippe la précieuse preuve de son amour.

Solution n° 1 :
• Il demande à Cydippe de lui faire parvenir son coffret accompagné du cadenas ouvert.
• Il place le diadème dans le coffret reçu et le confie au messager après l'avoir fermé avec le cadenas de sa fiancée.
• Cydippe peut ainsi ouvrir le cadenas avec sa clef et se parer du précieux diadème.
Cette première solution est pourtant risquée : il est en effet possible que le messager, farceur, ferme le cadenas de Cydippe au cours du premier voyage.

Solution n° 2 (plus sûre mais plus compliquée !) :
• Il fait parvenir à Cydippe son coffret, fermé avec son cadenas, dans lequel il a placé le diadème.
• Sa fiancée ajoute son cadenas fermé sur le coffret et le renvoie à Acontios.
• Acontios enlève son cadenas du coffret et le confie à nouveau au messager qui le porte à Cydippe.
• Celle-ci ouvre le cadenas avec sa clef et peut enfin se parer du précieux diadème.

LES ENFANTS DE LÉDA

On sait que :
Pollux = Castor + Clytemnestre
Castor = Clytemnestre + Hélène
Donc : Pollux = (2 × Clytemnestre) + Hélène, soit
110 = (2 × Clytemnestre) + 40
(2 × Clytemnestre) = 70
Clytemnestre = 35
Castor = 35 + 40 = 75
Clytemnestre pèse donc 35 kg et son frère Castor 75 kg.

LE CADRE

Qui a dit que les baguettes ne devaient être collées entre elles qu'au niveau de leurs extrémités ?

LES DEUX ATHLÈTES

Au bout de 4 minutes, Dracon aura fait 1 tour et Antinoos un peu plus de 1,33 tour.
Au bout de 8 minutes, Dracon aura fait 2 tours et Antinoos un peu moins de 2,67 tours.
Au bout de 12 minutes, Dracon aura fait 3 tours et Antinoos 4 tours.

C'est donc au bout de 12 minutes qu'Antinoos aura fait un tour de plus que Dracon : ce dernier viendra de franchir la ligne d'arrivée pour la troisième fois.

Solution des pages 61-62

Les groupes sanguins

Le fait qu'Ulysse soit du groupe O signifie qu'il a forcément deux gènes O. Il en a donc forcément transmis un à son fils. Si Pénélope est du groupe AB, elle a donc un gène A et un gène B, qu'elle peut avoir transmis à son fils avec la même probabilité. Il y a donc 50 % de chances que les gènes de Télémaque soient O + A et 50 % de chances qu'ils soient O + B. Télémaque a donc une chance sur deux d'être du groupe A et une chance sur deux d'être du groupe B.

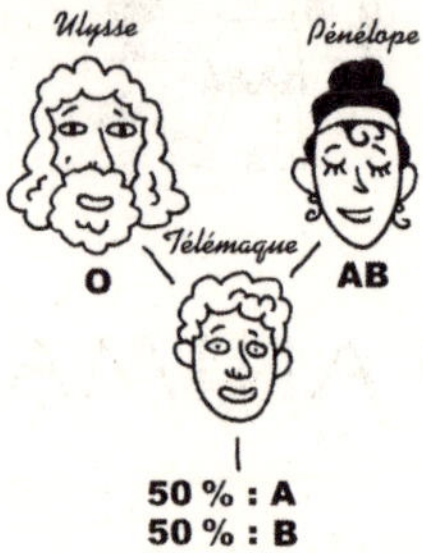

Qui est le fils de Zeus ?

Héraclès ne peut pas être le fils d'Amphitryon. Si c'était le cas, son père lui aurait transmis soit un gène A, soit un gène B, rendant impossible le fait qu'il soit du groupe O.
Héraclès est donc le fils de Zeus et c'est Iphiclès qui est le fils d'Amphitryon.

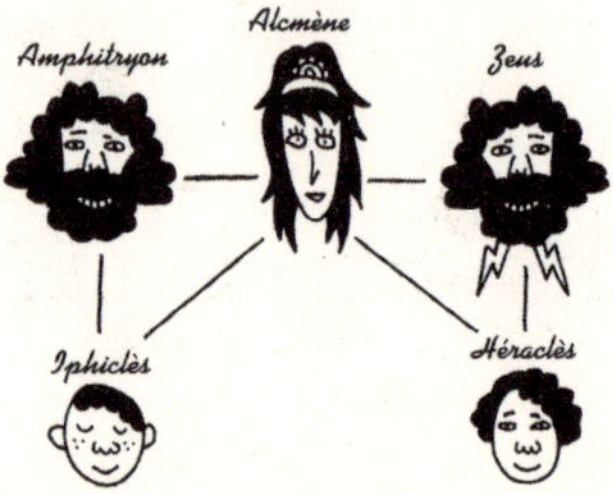

Solution des pages 63-64

ZONE PIÉTONNE

Il est à pied !

LOTS D'ANIMAUX

Avec le lot 4, nous savons qu'une oie vaut 50 oboles.
Avec le lot 6, nous savons qu'une dinde et une poule valent ensemble 50 oboles.
Avec le lot 3, nous savons donc que cinq poules valent 50 oboles, donc une poule vaut 10 oboles. On peut donc aussi en conclure qu'une dinde vaut 40 oboles.
Avec le lot 5, nous savons qu'un lapin vaut 20 oboles.
Avec le lot 2, nous savons qu'un canard vaut 30 oboles.
Le lot 1 ne nous apprend rien de nouveau.

Solution des pages 65-66

SALADE GRECQUE

Les légumes qui ont coûté le plus cher sont les poivrons, car le prix le plus bas est celui qui ne les inclut pas.

LES COLONNES DU PARTHÉNON

Résumons. En 1 heure :

- Anacréon et Éole sculptent 1/2 tambour de colonne.
- Alcibiade et Anacréon sculptent 1/4 de tambour de colonne.
- Alcibiade et Éole sculptent 1/3 de tambour de colonne.

Supposons qu'un quatrième ouvrier, Gregorios, travaille à la même vitesse qu'Alcibiade. Alors, en 1 heure, Alcibiade, Anacréon, Gregorios et Éole sculptent 1/4 + 1/3 = 7/12 de tambour. On sait que, en 1 heure, Anacréon et Éole sculptent 1/2 (= 6/12) de tambour, donc, en 1 heure, Alcibiade et Gregorios sculptent 7/12 – 6/12 = 1/12 de tambour.
Donc, à lui seul, Alcibiade sculpte 1/24 de tambour en 1 heure.
Pour sculpter un tambour de colonne, il lui faudrait donc 24 × 1 heure, c'est-à-dire 24 heures.

Le triangle de Thalès

Deux solutions, symétriques selon un axe vertical, sont possibles :

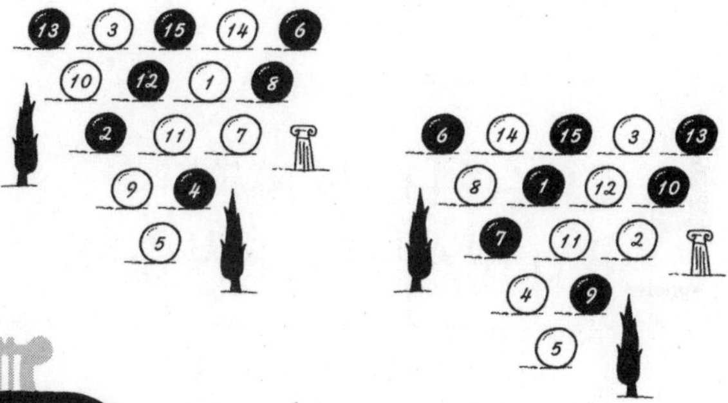

Diogène et les soldats

S'il s'écoule 1 heure entre le passage de deux soldats venant du même côté, rien n'indique pour autant qu'il s'écoule une durée de 30 minutes entre le passage d'un soldat venant de la gauche et celui d'un soldat venant de la droite. Si la probabilité est de 1/6, c'est que lorsque le soldat venant de la gauche passe, il faut attendre 1/6e d'heure, soit 10 minutes, pour voir passer un soldat venant de la droite et donc ensuite 50 minutes pour qu'un autre soldat venant de la gauche passe.

Triangle à trous

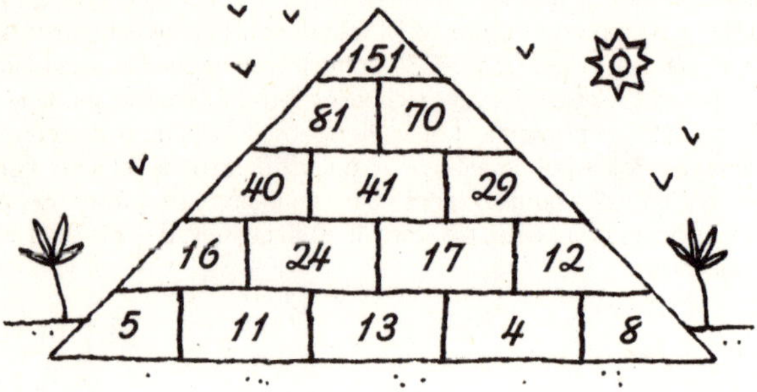

Les amphores d'Antonia

Elle ne peut pas ! Même avec la meilleure volonté du monde, il est impossible de mettre 4 litres dans une amphore de 3 litres !

Solution des pages 71-72

L'ÉCHEC DE L'ÉCHIQUIER

C'est impossible ! Leonidas ne peut recouvrir les 62 cases restantes de l'échiquier avec les 31 dominos, sans les couper. En effet, quel que soit l'endroit où il pose un domino sur l'échiquier, il couvrira obligatoirement une case blanche et une case noire. Donc les 31 dominos couvriront 31 cases blanches et 31 cases noires. Or les deux cases découpées dans l'échiquier sont de la même couleur, puisqu'elles proviennent de coins opposés. L'échiquier de Leonidas a donc deux cases blanches en moins – ce qui fait un total de 32 cases noires et 30 cases blanches – ou deux cases noires en moins – ce qui fait un total de 30 cases noires et 32 cases blanches. Il est impossible dès lors de placer les 31 dominos.

BLANC BONNET ET BONNET BLANC

Si le troisième prisonnier ne peut pas répondre, c'est que les bonnets des deux prisonniers qui le précèdent ne sont pas tous les deux blancs ; en effet, il pourrait sinon affirmer par déduction que son bonnet est bleu. Parmi les bonnets du premier et du deuxième, il y a donc au moins un bonnet bleu, ce qui fait deux possibilités : soit bleu et blanc, soit tous les deux bleus. De ce fait, si le bonnet du premier prisonnier était blanc, le deuxième pourrait indiquer que son propre bonnet est bleu. Or, il dit qu'il ne peut pas répondre. Le bonnet du premier prisonnier est donc bleu.

Solution des pages 73-74

La mosaïque

Dans la mosaïque rectangulaire, il existe deux trous longs et fins, quasiment invisibles, qui correspondent au fait que les hypoténuses des triangles rectangles ne sont pas exactement alignées avec les côtés obliques des deux trapèzes.
La superficie de ces deux trous est de 1 cm².

Nombre merveilleux

La réponse la plus simple est :

Solution des pages 75-76

LE BATELEUR

Il faut répondre quatre. Considérons les cinq jetons posés sur la table :
• le jeton bleu : il faut le retourner pour s'assurer que l'autre face est bien jaune ;
• le jeton jaune : il est inutile de le retourner car, que l'autre face soit bleue ou non, cela ne permet pas de vérifier l'hypothèse ;
• les trois autres jetons : il faut les retourner pour vérifier qu'aucun d'entre eux n'ait son autre face de couleur bleue, auquel cas l'hypothèse ne serait pas vérifiée.

L'ANNIVERSAIRE DU SAGE

Le sage est né un 31 décembre et nous sommes le 1er janvier !

Solution des pages 77-78

CHIFFRES MYSTÈRES

14 n'a que deux diviseurs : 2 et 7. Le reste se déduit alors facilement :

$$2 \times 7 = \mathbf{14}$$

$$7 - 2 = \mathbf{5}$$

$$2 + 2 = \mathbf{4}$$

LA BALANCE FAUSSÉE

Si la balance de Sofia ne peut pas donner d'information d'égalité des masses présentes à droite et à gauche, elle donne en revanche une information sur leur proportion. Ainsi, si n kilogrammes équilibrent m kilogrammes, alors $2 \times n$ kilogrammes équilibrent $2 \times m$ kilogrammes.
Soit s la masse d'une galette d'orge et f le facteur entre les masses des objets présents dans les deux plateaux lorsque la balance est à l'équilibre.
La première pesée permet d'écrire : $16 \times s = f \times 1$. Donc $f = 16 \times s$.
La seconde pesée permet d'écrire : $1 = f \times 4 \times s$.
Introduisons la valeur de f dans cette égalité : $1 = 16 \times s \times 4 \times s$.
$1 = 64 \times s^2$
$s = 1 / \sqrt{64}$
$s = 1 / 8$
Chaque galette d'orge pèse donc 125 grammes.

Solution des pages 79-80

LE SECOND ENFANT

Il y a une chance sur deux, car le sexe d'un enfant n'est pas déterminé par celui de son aîné !

UNE CHANCE SUR DEUX

AUPRÈS DE MON ARBRE

Supposons qu'il y ait un second olivier, parfaitement symétrique au premier selon l'axe formé par la rive du fleuve où Ménas va puiser l'eau – l'autre berge n'a aucune importance.

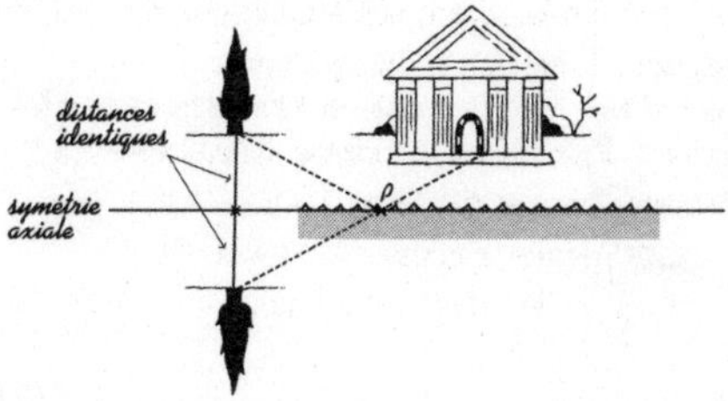

Si l'on trace une ligne droite entre la porte de la maison et le second olivier, on croise la berge en un point P. C'est à ce point P que Ménas doit aller puiser l'eau pour son olivier. En effet, le chemin du point P à l'olivier 1 est symétrique au chemin du point P à l'olivier 2 et ces deux chemins sont de la même longueur.
Si l'on déplace le point P à droite ou à gauche sur la berge, le chemin à l'olivier 2 sera plus long – le plus court, c'est la ligne droite – et il en sera de même pour le chemin vers le premier olivier.

Solution des pages 81-82

LA VENGEANCE D'HÉRA

Héra tend deux cordes fixes : l'une au milieu du pré dans sa longueur et l'autre au milieu du pré dans sa largeur. Elle place sur chacune un anneau qui coulisse et y fixe une corde de la bonne longueur, c'est-à-dire de la moitié de la longueur du pré (respectivement dans chaque sens). La déesse accroche sa bovine rivale à l'extrémité des deux cordes fixes.

Héra placera une corde en hauteur et l'autre au sol pour éviter à Io de faire des nœuds.

DOS AU MUR

Deux jeunes femmes au hasard commencent par se mettre côte à côte dos au mur.
Ensuite, les autres se placent une par une :
• en se mettant à l'une des extrémités du groupe, tant que toutes les jeunes femmes dos au mur portent le même sceau ;
• en se mettant entre les deux prêtresses voisines portant des sceaux de couleur différente, dès qu'une prêtresse arborant un sceau de couleur différente a rejoint les autres le long du mur.

Solution des pages 83-84

LA FAUSSE PIÈCE DE NIKANDROS

Nikandros met d'abord en balance 3 pièces sur un plateau et 3 pièces sur l'autre – les 3 dernières pièces restent sur le côté. Cette première pesée permet au marchand de déterminer dans quel lot de 3 pièces se trouve la pièce plus légère :

• si la balance est déséquilibrée, la pièce recherchée est dans le lot le plus léger ;

• si la balance est à l'équilibre, elle est dans le lot qui n'a pas été mis sur la balance. Pour retrouver la fausse pièce dans le lot de 3 pièces défini par la première pesée, il faut faire une seconde pesée en plaçant une pièce sur un plateau et une autre pièce dans l'autre – la troisième pièce reste sur le côté :

• si la balance est déséquilibrée, la pièce recherchée est la plus légère ;

• si la balance est à l'équilibre, il s'agit de la pièce laissée de côté.

POTERIES EN SOLDES

Soit p le prix de 1 poterie non soldée.

• Pour 2 poteries, la promotion A ne s'applique pas. Seul le choix B est possible pour un prix de $1{,}5 \times p$.

• Pour 3 poteries, la promotion A donne un prix de $2 \times p$ et la promotion B de $1{,}5 + 1 = 2{,}5 \times p$, il vaut donc mieux choisir la promotion A.

• Pour 4 poteries, la promotion A donne un prix de $2 + 1 = 3 \times p$ et la promotion B de $1{,}5 + 1{,}5 = 3 \times p$, on choisira indifféremment l'une ou l'autre promotion.

• Pour 5 poteries, la promotion A n'est pas possible (car, pour 4 poteries, on en a 2 gratuites, ce qui fait 6) et la promotion B donne un prix de $1{,}5 + 1{,}5 + 1 = 4 \times p$.

• Pour 6 poteries, la promotion A donne un prix de $2 + 2 = 4 \times p$ et la promotion B de $1{,}5 + 1{,}5 + 1{,}5 = 4{,}5 \times p$, il vaut mieux choisir la promotion A.

LES COUPES DE VIN

LE LOTO IDIOT

Deux tablettes suffisent ! En effet, les numéros 1, 2, 3, 4, 5 et 6 pourraient être gravés sur une première tablette et les numéros 7, 8, 9, 10, 11 et 12 pourraient être gravés sur une seconde. Dans le pire des cas, le tirage fait ressortir le numéro 13 : il reste donc 5 numéros joués, qui se répartissent au pire en 2 numéros sur une tablette et en 3 sur l'autre. Talos a donc forcément une tablette gagnante.

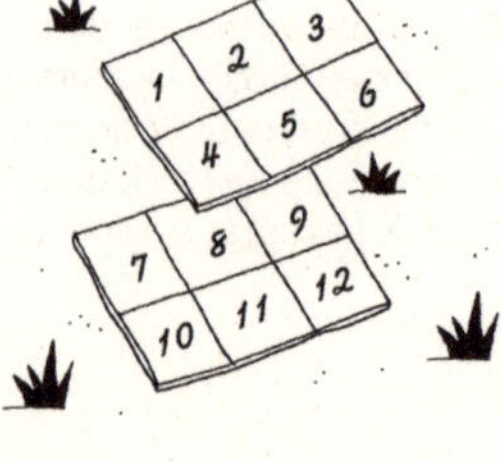

Solution des pages 87-88

LES JEUX OLYMPIQUES

Les chiffres ne sont pas les mêmes car le sondage donne le point de vue des spectateurs, non de la cité organisatrice. Ainsi, d'après les chiffres du sondage, seulement 1/5 des spectateurs ont assisté à une épreuve dans de bonnes conditions, c'est-à-dire dans un stade rempli au quart de sa capacité, contre 4/5 dans de mauvaises conditions, c'est-à-dire dans un stade rempli au maximum de sa capacité. Donc les spectateurs ne sont satisfaits qu'à 20 % !

LES TROIS BOÎTES DE PANDORE

Pandore a intérêt à choisir la deuxième boîte. En effet, au départ, chaque boîte a 1 chance sur 3 de contenir l'espoir. Répartissons les boîtes en deux ensembles : d'un côté, la boîte 1, de l'autre, les boîtes 2 et 3. Le premier ensemble à 1/3 de chance de renfermer l'espoir, le second 2/3 de chance. Zeus désigne, dans le second ensemble, une boîte ne contenant pas l'espoir (ici la boîte 3) : les 2/3 de chance de contenir l'espoir se reportent donc sur la boîte 2. À ce moment-là, il y a donc deux fois plus de chances que ce soit la boîte numéro 2 qui contienne l'espoir que la boîte numéro 1. L'erreur serait de croire que, une fois la boîte 3 éliminée, la probabilité de trouver l'espoir dans l'une des 2 autres boîtes est égale. En réalité, ce serait exact si la boîte numéro 3 avait été éliminée au départ mais pas après le choix de Pandore.

Solution des pages 89-90

LA MARELLE

Les enfants ont besoin de trois couleurs au minimum.

CARRÉ… HERMÈS ?

Solution des pages 91-92

Une drôle de question

Plusieurs réponses sont possibles. En effet :

- il peut n'y en avoir aucune ;
- il peut y en avoir exactement une, la première ;
- il peut y en avoir exactement deux, les deux dernières.

Il n'y a donc pas d'unique bonne réponse, c'est une question non décidable !

Les offrandes

Soit a l'offrande d'Antonios, p celle de Petros, z celle de Zénas, et h celle de Héron.

On sait que : $a + p + z + h = 120$.

On sait aussi que :

$a - 5 = p$

$a - 15 = z$

$a - 20 = h$

Donc : $a + (a - 5) + (a - 15) + (a - 20) = 120$

$4a = 160$

$a = 40$

Solution des pages 93-94

TA FIBULE

Cassandra fait 5 drachmes de bénéfice sur la première vente, puis 10 drachmes sur la seconde, donc 15 drachmes au total. Attention à ne pas soustraire 20 de 40…

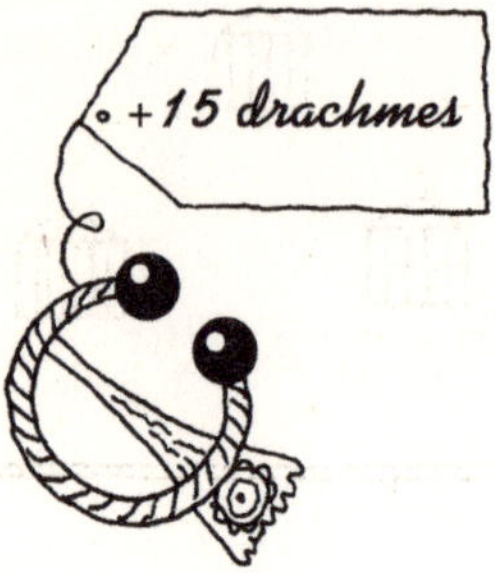

LA CITÉ DES PARESSEUX

Et non ! En effet, le retranchement des samedis, des dimanches et des jours fériés doit être fait avant la division par 3 du nombre de jours travaillés.

Querelles de corniches

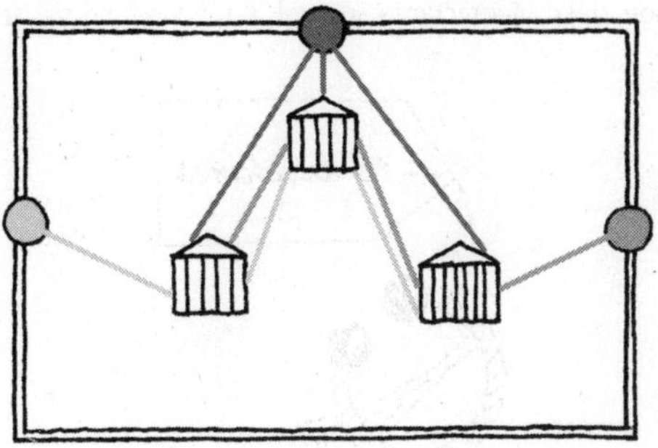

L'aveugle perspicace

Étant donné qu'il y a eu 8 tintements de moins, on peut déduire que le convive parti avait trinqué avec 8 personnes (qui sont donc restées). Il y avait donc 9 convives au début.

L'ÉCLAIREUR

Sur les 6 faces de pièces totales, il y a 3 faces noires, dont 2 sur le même jeton.
Donc, la face noire vue par Dimitrios est soit :

- la face noire du jeton noir et blanc ;
- l'une des faces du jeton dont les deux faces sont noires ;
- l'autre face du jeton dont les deux faces sont noires.

Il y a donc 2 chances sur 3 que l'autre face soit aussi une face noire et une seule chance sur 3 que l'autre face soit blanche. Dimitrios a donc 2 chances sur 3 d'être envoyé en éclaireur et 1 chance sur 3 qu'un autre soldat parte à sa place.

BATAILLE EN STATISTIQUES

Le pourcentage concerne le nombre d'ennemis tués.

Solution des pages 99-100

Sous vos applaudissements

Si Alexios tape 6 fois dans ses mains, il y a 5 intervalles de temps entre l'ensemble des frappes. Chaque intervalle entre deux frappes dure donc 6/5 seconde.

De la même manière, l'intervalle entre deux frappes de Pelagia dure 8/7 seconde. Entre 10 frappes, il y a 9 intervalles.

Il faudra donc $9 \times 6 / 5 = 10{,}8$ secondes à Alexios pour taper 10 fois dans ses mains et $9 \times 8 / 7 = 10{,}29$ secondes à Pelagia pour faire de même. C'est donc Pelagia qui applaudit le plus rapidement.

Le joueur d'aulos

Et non, les chances ne sont pas équitables ! Ilias a trois fois plus de chances de remporter le pari que Prokopios. En effet, dès que Lavrentios joue l'hymne à Mars, Ilias est certain de gagner : toute séquence commençant par hymne à Neptune–hymne à Neptune sera forcément précédée d'une hymne à Mars… ce qui donne la victoire à Ilias ! Pour que Prokopios gagne le pari et le mouton, il faut que le musicien commence par deux hymnes à Neptune, ce qui n'a qu'une chance sur quatre de se produire.

Solution des pages 101-102

La tablette brisée

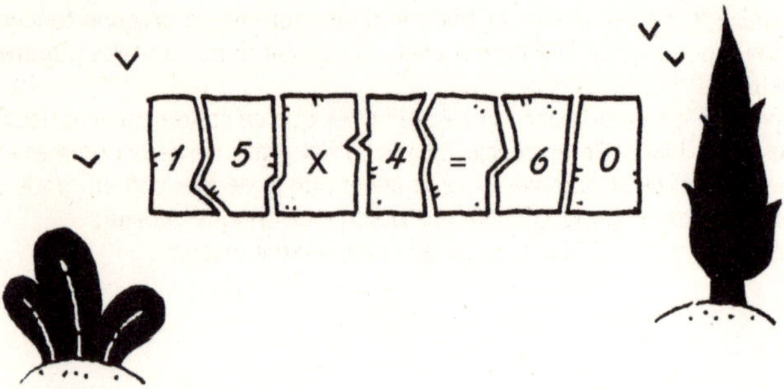

I= KM 1 000 000 M ?!

L'erreur est dans les unités : il ne faut pas écrire 0,5 × 2 km = 500 × 2 000 m, mais 0,5 km × 2 km = 500 m × 2 000 m. Donc 1 km² = 1 000 000 m², ce qui est vrai !

Solution des pages 103-104

LES POMMES D'OR

Si aucune gravure ne correspond au contenu du coffret, cela signifie que le coffret gravé d'une pomme en or blanc et d'une pomme en or jaune contient en fait deux pommes de la même couleur. On choisit donc l'une des pommes de cette boîte.

• Si la pomme est en or blanc, on peut affirmer que ce coffret contient deux pommes en or blanc. On en conclut que le coffret gravé de deux pommes en or blanc contient deux pommes en or jaune et que le dernier coffret, gravé de deux pommes en or jaune, contient une pomme de chaque couleur.

• Si la pomme est en or jaune, on fait le raisonnement inverse.

LE PONT

Diomidis doit jongler avec les boulets de manière à n'en avoir qu'un seul dans les mains à chaque instant.

Narcisse et son miroir

Narcisse devra se contenter d'un miroir vertical car il n'y parviendra jamais ! En fait, les miroirs ne comportent aucun effet de symétrique axiale : si vous vous mettez devant un miroir et que vous levez le bras droit, il est bien à droite dans le miroir. On est tenté de dire qu'il est à gauche car, si une autre personne se tenait en face de nous, ce serait son bras gauche. Pour que deux êtres humains soient en face l'un de l'autre, il en faut un qui se retourne selon un axe vertical, car les humains sont symétriques selon un axe vertical... Ainsi, la symétrie verticale apparente d'un miroir n'est due qu'à la symétrie verticale réelle des êtres humains.

8 fois 5 = 11 !

Deux solutions sont possibles :

$$5+5+5/5-5/5+5/5=11$$

$$(555+55-5)/55=11$$

Solution des pages 107-108

Le partage des crevettes

Les pêcheurs se sont trompés, car ils comptent le nombre total de crevettes que chacun a apportées et non le nombre de crevettes que chacun a données à Plutarque. En effet, si le premier pêcheur a mis sur la table 5 crevettes, il en a mangé 4 lui-même et en a donné 1 à Plutarque. Le second pêcheur a lui aussi mangé 4 crevettes mais il en a donné 3 à Plutarque. La répartition de la somme d'argent devrait donc être 1/4 pour le premier et 3/4 pour le second, soit respectivement 3 pièces et 9 pièces.

Les palets

Nous allons utiliser le poteau B comme zone d'échange.

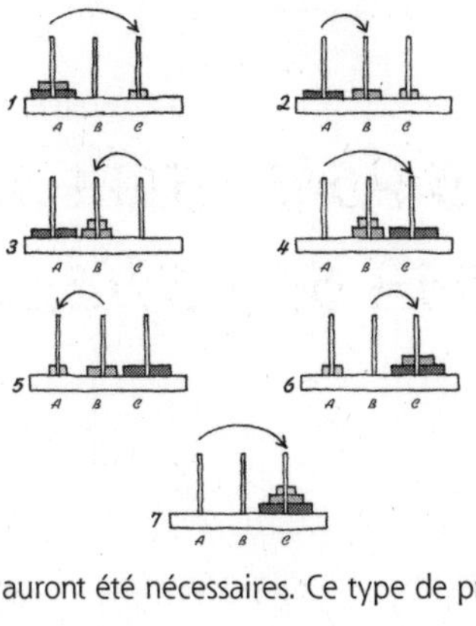

Au total, 7 mouvements auront été nécessaires. Ce type de problème est appelé « tours d'Hanoï ».

Solution des pages 109-110

CONVOI D'ESCLAVES

Si chaque Scythe voyage avec 3 Cappadociens, c'est qu'il y a 3 Cappadociens par charrette. Il y a donc 4 charrettes. Si chaque Cappadocien voyage avec 2 Scythes et 1 Thrace, c'est qu'il y a 2 Scythes et 1 Thrace par charrette. Chaque charrette transporte donc 3 Cappadociens, 2 Scythes et 1 Thrace.

LE POIDS DES JARRES

Les pesées réalisées par Haralambis ne permettent pas de le savoir.
Il se peut même qu'il n'y en ait pas.
En effet :

- B < A (pesée 1)
- D < C (pesée 2)
- A < C (pesée 3)

Donc les pesées 1 et 3 donnent : B < A < C ;
et la pesée 2 : D < C.
On ne sait pas comment situer D par rapport à A ni par rapport à B. Mais s'il doit y avoir une jarre plus légère que B, c'est peut-être D.

DEMANDE EN MARIAGE

Loukiani doit placer un caillou blanc dans un bol et tous les autres cailloux dans l'autre bol. Ainsi, il y a déjà 1 chance sur 2 que Poulcheria choisisse le premier bol et tire donc un caillou blanc. Probabilités de tirer un caillou blanc :

- 50 % de chances de choisir le premier bol, pour lequel il y a 100 % de chances de tirer un caillou blanc
- 50 % de chances de choisir le second bol, pour lequel il y a 4/9 de chances de tirer un caillou blanc. $0,5 \times 1 + 0,5 \times 4/9 = 0,72$ environ. En répartissant les cailloux de cette façon, il y a environ 72 % de chances que Poulcheria pioche un caillou blanc et qu'elle devienne l'épouse de Loukiani. Cette répartition est celle qui offre le plus de chances au jeune homme d'obtenir une réponse favorable.

LES SENTINELLES

La sentinelle a entendu cinq fois le cor de l'autre sentinelle au bout de 4 heures plus le temps de répondre une fois. Ce temps étant négligeable, on peut dire qu'il a fallu 4 heures.

Solution des pages 113-114

Un banquet bien arrosé

Soit *p* le nombre de coupes bues par le premier, *d* le nombre de coupes bues par le deuxième, et *t* le nombre de coupes bues par le troisième.

L'énoncé nous dit que :

$p = d + 3$

$t = d - 3$

$p = 2 \times t$

Donc : $d + 3 = 2 \times (d - 3)$

$d + 3 = 2 \times d - 2 \times 3$

$d + 3 = 2 \times d - 6$

$6 + 3 = 2 \times d - d$

$9 = d$

Donc $p = 9 + 3 = 12$ et $t = 9 - 3 = 6$

Le premier convive a bu 12 coupes de vin, le second 9 coupes, et le troisième 6 coupes.

Les pièces alignées

Solution des pages 115-116

LES OLIVERAIES

Soit p le nombre d'oliviers du premier terrain, d le nombre d'oliviers du deuxième, t le nombre d'oliviers du troisième terrain, et q le nombre d'oliviers du quatrième terrain. L'énoncé nous dit que :

$p = d + 4$

$t = d - 4$

$q = t - 4 = d - 8$

$p = 2 \times q$

Donc : $p = 2 \times (d - 8) = 2 \times d - 16$

$d + 4 = 2 \times d - 16$

$16 + 4 = 2 \times d - d$

$20 = d$; $p = 20 + 4 = 24$; $t = 20 - 4 = 16$; $q = 20 - 8 = 12$

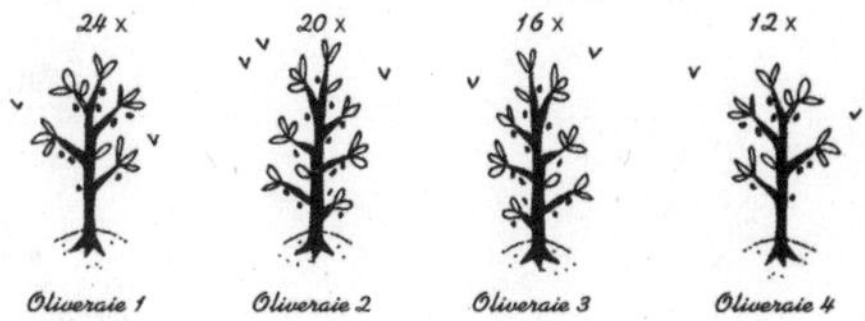

La première oliveraie compte 24 arbres, la deuxième 20 arbres, la troisième 16 arbres et la quatrième 12 arbres.

PREMIER PROBLÈME DE VASSILI

En divisant 70 par 4, on obtient 17,5 : il faut donc que la moyenne de ces 4 nombres soit 17,5. On commence par choisir 17 et 18, puis 16 et 19. Or 16 + 17 + 18 + 19 = 70.

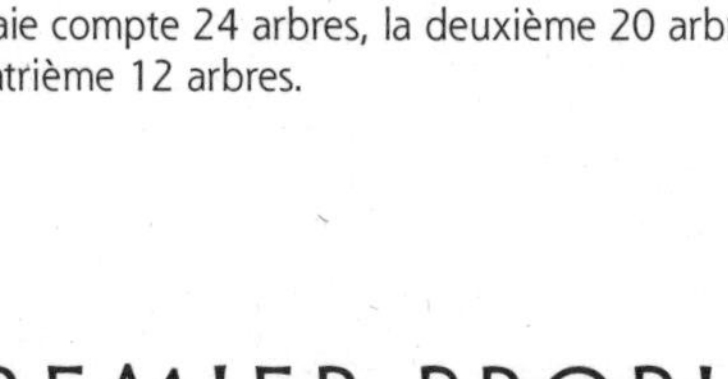

Dallage en triangles

Sur ce détail du dallage du palais de Minos, on peut distinguer :

- 1 triangle de 3 unités de côté ;
- 3 triangles de 2 unités de côté ;
- 9 triangles de 1 unité de côté.

Il y a donc au total : 1 + 3 + 9 = 13 triangles.

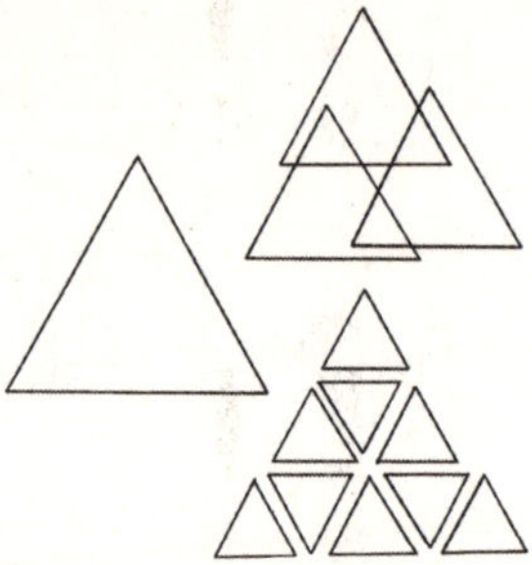

Les figuiers

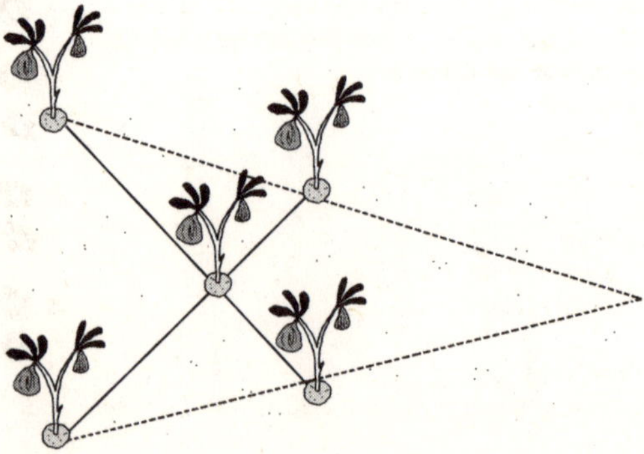

Solution des pages 119-120

Rectangles enchevêtrés

On distingue 25 rectangles dans le dessin.

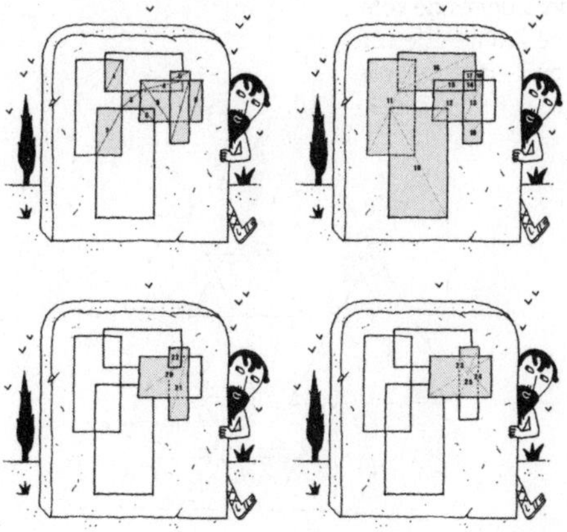

Les feuilles de vigne

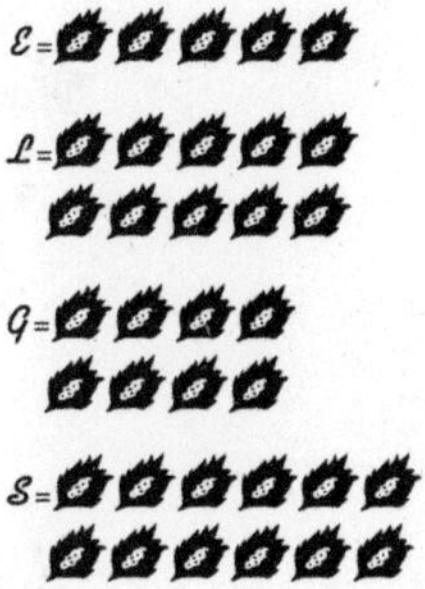

Soit e le nombre de feuilles de vigne mangées par Elpida, *y* le nombre mangé par Lydia, s le nombre mangé par Sofia et *g* le nombre mangé par Glyceria.
L'énoncé nous dit que :

- $y = e + 5$
- $s = e + 7$
- $g = e + 3$
- $e + y + s + g = 35$

Donc : $e + e + 5 + e + 7 + e + 3 = 35$
$4e = 35 - 3 - 7 - 5 = 20$
$e = 5$
D'où $y = 5 + 5 = 10$; $s = 5 + 7 = 12$; $g = 5 + 3 = 8$
Elpida a mangé 5 feuilles de vigne, Lydia 10, Sofia 12 et Glyceria 8.

Le fils aîné de Pythagore

6 / ½ + 2 = 12 + 2 = 14
Le fils aîné de Pythagore a donc 14 ans.

Le temple d'Apollon

Il faut d'abord calculer la diagonale du pavé de 12 cm de côté :
$\sqrt{(12^2 + 12^2)} = 12 \times \sqrt{2} = 16{,}97$ cm, soit 0,1697 m.
Le nombre de pavés nécessaires pour couvrir la largeur du temple est donc de :
3 / 0,1697 = 17,67 carreaux.
L'artisan aura donc besoin d'au moins 18 carreaux pour la première rangée.
Pour compléter la deuxième rangée, posée en quinconce par rapport à la première, il faudra à l'ouvrier un pavé de plus, soit 19 pavés. Il pourra donc poser au maximum 19 pavés sur toute la largeur du temple.

LE COMPTE EST BON !

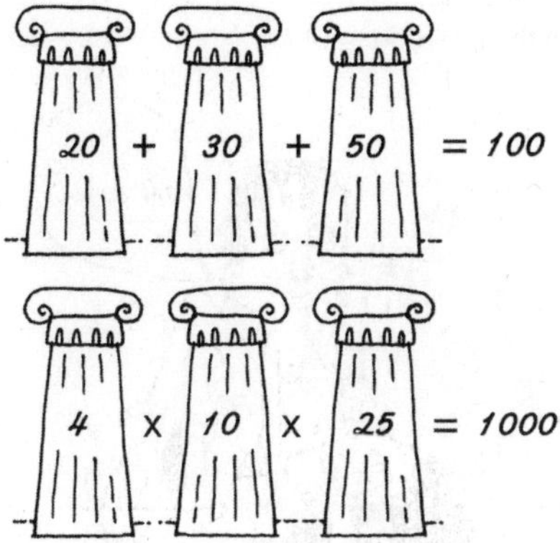

L'ÂGE DES ENFANTS

Soit a l'âge d'Andonis et p l'âge de Porfirios.
L'énoncé nous dit que :

- $a = 2 \times p$
- $a + p = 18$

Donc : $2 \times p + p = 18$, soit $3 \times p = 18$
$p = 6$ et $a = 2 \times 6 = 12$
Andonis a donc 12 ans et Porfirios 6 ans.

VIN EN VRAC

L'acheteur doit acheter au minimum 5 amphores. En effet, s'il n'en prend que 4, il se peut qu'elles contiennent toutes un vin différent. Mais s'il en prend une cinquième, elle contiendra forcément le même vin qu'une des quatre déjà choisies.

Solution de la page 127

NOTES

Pour l'éditeur, le principe est d'utiliser des papiers composés de fibres naturelles, renouvelables, recyclables et fabriquées à partir de bois issus de forêts qui adoptent un système d'aménagement durable. En outre, l'éditeur attend de ses fournisseurs de papier qu'ils s'inscrivent dans une démarche de certification environnementale reconnue.

Imprimé en Mars 2022 par Grafica Veneta pour le compte des éditions Hachette Livre (Marabout)
58 rue Jean Bleuzen, 92170 Vanves.
Dépot Légal : Mai 2022
ISBN : 978-2-501-17100-7
3272059